L'Intelligence Economique à l'heure du Jugaad

Intelligence Economique et Innovation frugale

Compétitive Intelligence and Frugal Innovation

Henri Dou

Professeur des Universités

Consultant Expert International

Edition CIWORLDWIDE

2014

Table des matières

Présentation de l'ouvrage

Depuis un certain nombre d'années, le programme français d'Intelligence Economique (le terme Intelligence Compétitive serait plus adapté, car plus compréhensible au niveau international) se développe au plan des Industries (entre autre grâce aux efforts soutenus des DIRECCTEs[1], des Chambre de Commerce et d'Industrie et du MEDEF), dans les Universités et Grandes Ecoles (que ce soit au niveau des Masters, de l'enseignement expérimental soutenu par le Ministère de l'Education Nationale, de DBA ou de séminaires et colloques). Dans ce contexte, différents référentiels ont été établis (le premier dans le cadre de la Mission d'Alain Juillet), de nombreux guides et livres ont été publiés. De cet ensemble il ressort deux tendances l'une qui est la protection du patrimoine physique et immatériel des entreprises françaises, l'autre de mettre en place une mentalité nouvelle qui à partir du contexte international aidera les entreprises françaises à se développer.

Mais, comme il est coutume de dire, le temps s'accélère, et de ce fait le corpus général de cette discipline nouvelle doit évoluer. Cependant, dans le domaine classique de l'enseignement, dans l'approche et la « doctrine » de grands organismes souvent peu flexibles, les mutations en cours ne sont pas prises en compte, et les programmes et leur contenu restent souvent figés, ,sans aborder de manière critiques certains domaines de l'Intelligence Economique à la lumière des changements actuels et des pratiques françaises.

La nécessité pour les entreprises françaises de se projeter vers les marchés extérieurs et entre autre vers les marchés émergents, va conduire à un changement d'approche, et à une remise en cause de bien des structures organisationnelles. Aborder des marchés, où il faudra créer un profit en satisfaisant des besoins à moindre coût mais en maintenant une qualité acceptable introduit la notion d'innovation Jugaad (débrouillardise, système D, despatchante[2] pour le Brésil) ou innovation frugale. Globalement cela signifie de ne

---

[1] http://direccte.gouv.fr/

[2] Le Brésil a même reconnu l'utilité des despatchantes, au niveau des opérations

plus aborder les problèmes à résoudre et les innovations potentielles avec une pense verticale, mais en favorisant la pensée latérale qui permet par la diversité des approches de se libérer des présupposés rigides souvent bloquants. Se libérer de la « cage de fer » va conduire à des changements profonds que ce soit dans le système éducatif mais aussi dans le management des entreprises.

Dans le livre L'innovation Jugaad . Redevenons Ingénieux, (édition diateino 2013) les auteurs aborde le problème de l'innovation et prenant exemple sur le développement indien, ils distinguent les traits principaux qui doivent être développés à la fois au niveau des individus, mais aussi des entreprises. La préface de ce livre écrite par Carlos Ghosn souligner l'importance de cette démarche.

Ayant été à l'origine du développement des premiers enseignements de veille technologique en France, puis au Brésil dans le cadre de l'Intelligence Compétitive, il m'a semblé important de reprendre les principales orientations suggérées par l'innovation Jugaad, en replaçant ces dernières dans le contexte de l'Intelligence Economique française. Cet ouvrage commence donc par une présentation générale de l'Intelligence Compétitive à l'heure du Jugaad, puis précise dans quatre autres chapitres et une annexe des éléments essentiels à intégrer dans une réflexion sur l'Intelligence Economique et l'Innovation Frugale soit :

«Competitive Intelligence accelerator of the Regional Development», qui précise les principaux aspects de l'Intelligence Economique,

«La Diffusion des connaissances, un en eu stratégique», qui met en lumière les différents aspects de l'influence au niveau de l'évaluation et de l'exode interne de certains de nos laboratoires

«La valorisation des actifs immatériels, enjeux actuels», qui précise comment cette valorisation peut impulser le développement économique

«Crisis, Innovation and the new role of the universities», qui précise pourquoi les missions de l'université ne seront plus uniquement l'enseignement et la production de connaissance dans le monde de demain.

---

dédouanement, de représentation d'autrui auprès des administrations, etc... http://pt.wikipedia.org/wiki/Despachante

Ces différents chapitres ont fait l'objet de présentations dans différents colloques, mais n'ont jamais été publiés jusqu'alors. Ils sont récents (2012-2013-2014) et soulignent l'importance de certains aspects fondamentaux pour le développement de l'Intelligence Economique. Certains de ces chapitres sont en anglais. En effet plus de 80% des informations sont accessibles dans cette langue et il faut s'habituer à maîtriser celle-ci pour ne pas être cloisonné par les contraintes linguistiques.

Enfin une annexe, expose succinctement les problèmes d'exportation liés aux PME et PMI puis un guide précise comment accéder de manière simple à des informations à partir de l'Internet. Ceci apporte un complément à l'ensemble des présentations. En ce qui concerne l'accès aux informations, depuis quelques années, le développement de l'Internet et les facilités apparentes d'utilisation des moteurs de recherche ont conduit à une perte de connaissances dans les méthodologies de recherche de l'information. De multiples cours et travaux pratiques m'ont conforté dans cette opinion.

Enfin, nous ne traitons pas des aspects sécuritaires, car il y a de multiples ouvrages et masters universitaires[3] traitant de ce domaine, ni des aspects internationaux de l'Intelligence Economique décrits en partie dans le site http://www.ciworldwide.org

La rédaction des différents chapitres est faite pour fournir le plus possible d'information accessible via l'Internet en privilégiant les données en open source. Le format Kindle se prête bien à cette double utilisation : une lecture qui permet une réflexion générale et en référence les adresses Internet qui permettront au lecteur d'approfondir les aspects qui lui semblent important. Ces chapitres peuvent être lus de manière indépendante, c'est pour cela que certaines redites sont faite dans ces derniers.

L'espère ainsi que ce travail apportera au niveau de l'Intelligence Economique une ouverture sur des aspects différents de son cursus actuel.

Henri Dou

[3] http://www.ihedn.fr/userfiles/file/formations/master2/Liste_publique_masters_d%C3%83%C2%A9fense_oct2010.pdf

L'Intelligence Economique à l'heure du Jugaad

Henri Dou, Professeur des Université, Consultant international

douhenti@yahoo.fr http://www.ciworldwide.org http://www.amazon.fr/Henri-Dou/e/B00AWD21WU

Entrée en matière

Le programme français d'Intelligence Economique, a non seulement pour objectif la sécurité des informations et la protection du patrimoine national, mais il a aussi pour objectif principal celui de créer au niveau national la prise de conscience nécessaire au développement de toutes les activités permettant d'équilibrer la balance de notre commerce extérieur et donc par la création d'emplois y relative et ainsi de favoriser la cohésion sociale. Depuis la mise en place du programme national d'intelligence économique, de nombreux écrits, conférences, guides et autres colloques ont été publiés en France que ce-soit pas des institutions académiques, consulaires, ou patronales. L'Etat, en maintenant en fonction un chargé de l'Intelligence économique[4] au plan national et aussi en promouvant un programme expérimental dans les universités et les grandes écoles montre aussi son implication dans la réussite de ce programme.

Cependant, bien qu'en place depuis plusieurs années, la France peine toujours à réaliser une relation forte et organique entre l'université et les entreprises, à mettre en place le développement de programmes d'innovation permettant de valoriser les acquis de la recherche, à développer l'exportation à partir des ETI, des entreprises de taille moyenne, ou de groupes de PME. De multiples raisons ont été évoquées à ce sujet et il n'est pas dans l'objectif de cet article de les analyser dans le détail[5]. Par contre, s'il existe bien une relation étroite entre Intelligence Economique et Innovation, soit par le biais de

---

[4] Le dispositif français d'Intelligence Economique et la nomination de Mme Claude Revel http://www.gouvernement.fr/gouvernement/le-dispositif-d-intelligence-economique

[5] Petites et Moyennes Entreprises françaises et développement international Dou Henri, Manullang Sri Damayanty, VSE Vie et Sciences Economiques, n° 189, December 2011, pp. 75-91

l'exploitation des informations stratégiques, soit par le biais des nouveaux comportements mentaux induits par la veille stratégique, on se retrouve toujours face à un certain nombre de problèmes liés au manque d'investissement financiers, à la faiblesse du tissu industriel français, à l'apparition de nouveaux concurrents qui au niveau international s'emparent de marchés prometteurs (entre autre des marchés émergents).

Face à une telle situation, qui, compte tenu des moyens engagés par l'Etat ne donne pas entièrement satisfaction nous allons essayer d'analyser un certain nombre de causes qui sont autant de freins au développement industriel d'une part, mais qui exploitées astucieusement pourraient fournir les leviers nécessaires à un nouvel essor. Tel est l'objectif de cette présentation, qui n'a pas pour objectif d'être exhaustive, mais qui devrait apporter des éléments à une réflexion plus générale.

1 - Les BRICS et une nouvelle vision du marché

Les BRIICS (Brésil, Russia, India, China, dans certains cas on ajoute aussi Indonesia soit BRIICS), ont fourni le terrain d'une analyse fine de ce qu'il est maintenant convenu de nommer l'innovation frugale, ou innovation Jugaad[6] (débrouillardise, système D). En effet, de plus en plus de voix s'élèvent en France pour indiquer que nos entreprises devraient trouver de larges opportunités de développement en allant « chasser » dans les marchés émergents. Mais, aller à la conquête de ces marchés sous-entend qu'il va falloir modifier un certain nombre de comportements pour que les entreprises occidentales puissent répondre aux besoins de ces nouvelles classes « moyennes » dont le revenu est souvent de l'ordre de 2000€ par an. Une fois ces nouveaux comportements acquis, ils seront transposables aux pays occidentaux, berceaux de ces entreprises. Les principes de l'innovation Jugaad ont été décrits dans de nombreuses publications et ouvrages[7] et ils mettent en valeur un certain nombre de traits dont la majeure partie sont en relation directe avec les innovations développées par les entreprises indiennes, chinoises, brésilienne.

Dans la suite de cet article nous allons développer un certain nombre de points précis exposés dans le livre Innovation Jugaad, en présentant pour ces divers points certains aspects fortement liés à l'Intelligence Economique.[8]

---

[6] Jugaad « une solution innovante, improvisée, née de l'ingéniosité et de l'intelligence » C'est un art de l'audace, celui de repérer les opportunités et d'agir vite. Trouver des solutions ingénieuses avec des moyens simples. Voir référence 7

[7] L'Innovation Jugaad. Redevenons ingénieux, Navi Radjou, Jaideep Prabhu et Simone Ahuja, Edition Diateino, 2013

L'Inde, dans le cas participer de ce type d'innovation a été largement étudiée, et les traits caractéristiques suivants ont été soulignés :

Rechercher les opportunités dans l'adversité, ce qui nécessité un nouveau regard et un charisme affirmé,

Faire plus avec moins, c'est souvent la manière de répondre à des besoins de consommateurs qui veulent satisfaire un besoin particulier sans qu'on leur offre sans cesse des « améliorations » voulues par le fabricant pas nécessairement voulues par le consommateur. Satisfaire des besoins à moindre coût en s'aidant astucieusement des technologies existantes.

Penser et agir de manière flexible, c'est avant tout savoir s'adapter aux demandes du marché, sans vouloir imposer à celui-ci des solutions ou des produits de plus en plus complexes et de plus en plus chers. Tenir compte et savoir utiliser les réglementations de plus en plus complexes qui apparaissent sans cesse que ce soit pour la « protection du consommateur » ou pour ériger des barrières à l'entrée de certains marchés.

Vise la simplicité, dans le monde occidental et je pense personnellement particulièrement en France, faire simple c'est paraître simpliste d'où la nécessité de complexifier ce qui est simple pour être reconnu. Que ce soit au niveau de la recherche, des enseignements, de l'industrie. Les bureaux d'études occidentaux sont souvent coupés de la base et développent des produits et services de plus en plus complexes, tentant ensuite de les imposer aux consommateurs via une publicité de masse.

Intégrer les marges et les exclus, c'est à de prendre appui sur des masses de consommateurs de plus en plus importante, mais dont le revenu n'est pas comparable à celui des occidentaux. Tenir aussi compte des niches existantes, par exemple créer des produits pour les personnes âgées[9] (the silver âge), sans aller systématiquement vers l'électronique et les objets interconnectés, mais en tenant compte de l'ensemble des besoins.

Suivre son cœur, c'est-à-dire développer une empathie pour le consommateur, ce qui permettra de comprendre ces besoins en utilisant les moyens existants (entre autre l'observation sur le terrain pour les marchés émergents et les réseaux sociaux par exemple pour les pays occidentaux).

---

[8] Je pense qu'il est meilleur d'utiliser en management de l'information stratégique et en innovation, car le terme Intelligence Economique et très « franco-français ».

[9] Patent analysis for « silver age »dedicated technology mapping, Carine Dou-Goarin, Workshop Innovation, Patents, and standards, November 19th 2013, fBS, Tours, France

Enfin, intégrer ces nouveaux comportements au sein de l'entreprise, pour créer un état d'esprit nouveau et de nouvelles aptitudes à l'innovation. Dans les pays occidentaux et entre autre en France (Dassaut System[10]) on a tendance à substituer le terme d'innovation frugale par le terme design, pris au sens large, qui implique l'utilisation des principes du Jugaad au sein de l'entreprise en associant a modélisation par ordinateur à la conception de nouveaux produits.

Nous allons donc « regarder » ces différents principes par le biais de l'Intelligence Economique, en ajoutant ensuite une analyse plus fine de la liaison étroite qui existe entre innovation Jugaad et sources d'information technologique.

2 – Rechercher les opportunités dans l'adversité

C'est souvent dans l'adversité que de nouvelles opportunités apparaissent. Il ne faut pas céder au pessimisme, mais essayer de trouver dans l'adversité les niches, les opportunités. Ceci nécessité un mode de pensée différent, en fait une pensée latérale[11]. En effet la pensée classique qui est souvent celle des politiques et des décideurs est caractérisée entre autre par la continuité et la validation des hypothèses, pas à pas, la non tolérance de l'erreur (c'est sans doute un des point majeur qui conduit à une auto-censure qui bride la créativité. Personne n'aime faire des erreurs, alors que souvent on apprend beaucoup de ses échecs.), le développement dans une direction planifiée[12]. C'est en ce sens que dans les périodes de crise, les évolutions incrémentales ne peuvent pas apporter de solutions durables, et que l'innovation frugale prône des solutions de rupture. Or, nous entrons dans un monde si complexe, et les références au passé ne peuvent plus être utilisées pour résoudre les problèmes que nous rencontrons. Les

---

[10] BFM, Les décodeurs de l'Info - Le 19 décembre, le thème: Le design: un outil de reconquête industrielle a été débattu dans les décodeurs de l'éco par Fabrice Lundy et ses invités: Stéphane Distinguin, fondateur de faberNovel, une société de conseil en innovation, Guy Mamou-Mani, co-président du Groupe Open et président du Syntec Numérique, Anne Asensio, directrice de Design Experience, Dassault Systèmes et Paul Pietyra, directeur de Nekoe, le premier laboratoire français dédié au design de service, sur BFM Business
http://www.bfmtv.com/video/bfmbusiness/decodeurs-leco/design-un-outil-reconquete-industrielle-decodeurs-leco-19-12-4-5-166206/

[11] Edward De Bono On Creative Thinking (video)
http://fr.wikipedia.org/wiki/Pens%C3%A9e_lat%C3%A9rale

[12] http://www.creativitequebec.ca/Techniques_pensee_laterale.html

pensées dogmatiques (on a vu le résultat avec l'application forcenée des théories de Milton Friedman et la désindustrialisation qui a suivi) sont à bannir. Il faut donc créer un autre référentiel. En ce sens la pensée latérale va être d'un grand secours. Elle place l'imagination au centre et à partir de celle-ci, on considère que de multiples solutions, même irréalistes pourront amener à une solution satisfaisant qui n'aurait pas pu être atteinte par une pensé verticale classique. (Voir à ce sujet « Design Our Tomorrow » dans les chapitres suivants, qui met en présence des enfants pour créer des solutions imaginatives.

La pensée latérale qui s'apparente a « creative thinking » selon est en opposition avec la logique classique selon Edward de Bono[13]. Elle permet de présenter, d'imaginer des solutions différentes de la logique normale. En ce sens ce n'est pas rechercher la différence pour la différence, mais elle conduit à penser autrement. Par exemple les chinois qui il y a plusieurs milliers d'année connaissaient la poudre, la boussole, etc. n'ont pas pu imaginer ce qui aurait pu être développé à partir de ces savoirs. En effet les professeurs et penseurs de cette époque allaient de certitudes en certitudes et le système n'a pas évolué. La pensée classique ne considère que les choses qui font sens et donc les idées originales complètement différentes sont vécues souvent comme des provocations.

Nous devons donc acquérir[14] cette habileté qui va nous permettre de développer cette pensée latérale qui dans l'adversité nous aidera à trouver de nouvelles solutions, que ce soit par exemple l'échange d'argent via un téléphone portable (ce qui pratiqué depuis longtemps en Inde), la machine à laver qui lave aussi les pommes de terre, etc. Cette pensée latérale est bien adaptée à l'innovation Jugaad qui va en découler. Il faut essayer dans l'adversité de faire en sorte que celle-ci travaille pour nous. C'est un peu comme dans le cas du développement de normes nouvelles, de contraintes locales ou climatiques, etc... Que peut-on tirer à notre bénéfice, que peut-on inventer de différent pour résoudre les problèmes. Par exemple dans les « bidons villes » que ce soit en Afrique ou en Asie, l'accès à l'eau potable et souvent difficile. Une manière simple de

---

[13] https://www.youtube.com/watch?v=UjSjZOjNIJg

[14] La pensée classique réside dans le cerveau gauche avec l'analyse, l'utilisation des mots, des nombres. C'est la que réside la logique. C'est dans le cerveau droit que réside l'imagination, le rythme, les couleurs... C'est celui-ci que nous allons solliciter pour développer une pensée créative. Il va falloir en fait utiliser les deux simultanément, et c'est en ce sens que l'éducation qui devrait être proposée devrait tenir compte de ces deux aptitudes et développer des programmes adaptés à cette utilisation simultanée, alors, qu'en fait c'est surtout le cerveau gauche qui est sollicité. Voir « How to have better creative thinking » (video) https://www.youtube.com/watch?v=zO2LdDpx-Tc

traiter une grande partie du problème provenant des virus qui conduisent à la diarrhée et autres maladies, et d'en éliminer une grande partie. Comment faire ? On peut filtrer l'eau simplement avec un linge propre par exemple, la mettre ensuite dans des bouteilles de plastique transparentes (type eau minérale), puis les laisser deux jours au soleil. On battra ensuite l'eau avant de l'utiliser pour l'oxygéner, et les UV auront fait disparaître la majorité des virus. Ce n'est pas satisfaisant à 100%, mais c'est bien mieux que rien !

Une autre anecdote caractérise le fait que penser autrement est important. Une fois, nous déjeunions dans un centre commercial proche de l'Université. Au cours du repas, heurté par une personne sortant du restaurant, j'ai fait de multiples tâches sur la chemisette que je portai. Devant aller dans un rendez-vous l'après-midi, je me suis rapidement rendu dans le super marché pour acheter un détachant qui selon les indications devait supprimer toutes les tâches. Divers essais ne conduisant pas à un résultat satisfaisant, j'ai alors décidé d'aller acheter un tee-shirt pour la remplacer. De retour dans le super marché, j'ai donc acheté un tee-shirt, mais moins cher que le coût du détachant que j'ai acquis au départ! Le premier réflexe, classique, n'était pas le bon, et en outre coûtait plus cher.

Penser différemment pour pouvoir réagir de manière positive dans l'adversité, c'est aussi pouvoir s'échapper de la « cage de fer » (iron cage[15]). Ce concept a été développé par Weber[16], qui a remarqué que dans les civilisations occidentales capitalistes la rationalisation enfermait les gens dans des systèmes bureaucratiques impersonnels, rationnels et autoritaires. Ceci conduit à une société déshumanisée où les valeurs traditionnelles sont délaissées au profit du calcul, de la logique, de la bureaucratie et d'une rationalité ce qui conduit au développement d'une oligarchie dominante. On voit bien la relation qui existe entre cet état de fait (qui est le nôtre à des degrés divers) et la pensée et les visions novatrices qui permettent de trouver des solutions innovantes malgré les contraintes du moment.

---

[15] http://en.wikipedia.org/wiki/Iron_cage

[16] Max Weber, Peter R. Baehr, Gordon C. Wells, The Protestant ethic and the "spirit" of capitalism and other writings, Penguin Classics, 2002, ISBN 0-14-043921-8, [2], p.xxiv

3 – Faire plus avec moins

Il ne s'agit pas ici de prendre une attitude provocante en justifiant un certain nombre de licenciements par exemple, mais de rester au niveau des technologies. Je me souviens, il y a de nombreuses années, que dans le midi de la France, l'été, dans les années cinquante lorsque les réfrigérateurs n'étaient pas largement accessibles, on utilisait pour avoir de l'eau fraîche une « gargoulette ». Cette cruche en argile cuite poreuse, transpirait à la chaleur et son balancement au bout d'une corde permettait de rafraîchir l'eau par évaporation. Dans un des exemples décrits dans le livre « l'innovation Jugaad » les auteurs montrent comment à partir d'une pratique identique, un innovateur indien, potier de son état, a poussé le principe jusqu'à développer un réfrigérateur simple basé sur le même principe et de très faible coût[17]. Cet exemple souligne comment, à partir d'une constatation existante, les « sentiers » de l'innovation peuvent diverger.

La prévention santé rentre aussi dans ce domaine, avant de développer des médicaments basés sur l'action de molécules chimiques, la prévention, l'utilisation de postures simples et d'une hygiène de vie, permettrait de résoudre de multiples problèmes, mais là encore, des divergences existent liées à la fois à l'enseignement de la médecine, et à des intérêts financiers. Il en va de même pour certaines thérapeutiques basées sur l'utilisation de plantes médicinales, témoin en est la réouverture d'ateliers de fabrication de « médicaments » ancestraux en Chine.

Faire plus avec moins, c'est dans bien des cas observer l'existant, et rechercher des solutions simples, combiner des technologies existantes, pour satisfaire des besoins réels à des coûts supportables par les consommateurs.

4 – Penser et agir de manière flexible

La médecine se prête bien à ce sujet. Prenons par exemple le Brésil et la région de l'Amazone. Dans cette région, il n'y a pas de routes et la majorité des villages ne sont atteignables que par bateau. Le climat est difficile, la chaleur très forte l'humidité aussi. Des équipements sophistiqués ne pourraient être maintenus en état qu'à un coût excessif. C'est ainsi qu'est né le concept de bateau hôpital[18], centre de traitement et d'examen médical flottant, qui tout au long de l'Amazone, prodigue consultations et

---

[17] Étude des performances thermiques d'un réfrigérateur local basé sur l'évaporation de l'eau à travers une paroi poreuse en argile cuite, AO Dissa, DJ Bathiebo, A Leon, J Koulidiati, Afrique Science : Revue Internationale des sciences et Technologies, Vol 6, n°1, 2010

[18] http://www.france5.fr/emission/voyages-en-rivieres/diffusion-du-21-09-2013-15h15

soins aux populations des villages disséminés sur le fleuve. Etre flexible c'est aussi trouver des solutions qui en intégrant les technologies transversales modernes vont donner naissance à des produits comme le Vscan de GE[19] qui permet aux médecins avec un appareil de la taille d'un téléphone portable de réaliser des échographies.

Penser et agir de manière flexible c'est aussi appliquer le concept de « thinking out of the box »[20]. En effet les ingénieurs occidentaux, les « élites » qui nous dirigent sont toutes formées dans le même moule et ainsi que ce soit au niveau de l'université ou de celui des grandes écoles, les solutions et la pensée divergente ne sont pas de mise, d'où une complexité croissante. Cette situation, qui était acceptable en état de croissance soutenue, ne l'est plus lorsque la « crise » conduit à une paupérisation de certaines tranches de population dans les pays développés, et lorsqu'on demande aux entreprises françaises de se projeter sur les marchés émergents. Se référer au chapitre antérieur sur « Recherche les opportunités dans l'adversité », en ce qui concerne la pensée latérale, qui entre aussi dans le champ de « Penser et agir de manière flexible ».

5 – Viser la simplicité

Comme nous venons de le souligner, « plus » et toujours « mieux » pour la majorité des entreprises occidentales. C'est ainsi que les solutions complexes sont dans la majeure partie des cas privilégiées (que ce soit au plan de la reconnaissance des chercheurs, du financement des projets, etc.) au dépend de solutions simples. Cette recherche de simplicité ne doit pas se développer que dans le domaine technique (la voiture est ici un exemple saisissant, avec le succès de la Dacia de Renault par exemple). En effet au niveau administratif, un empilement de règles, souvent contradictoires et aussi contre productives, ralentit le développement des projets, les normes de plus contraignantes deviennent des freins (l'enfer est pavé de bonnes intentions), la fiscalité mouvante et complexe doit aussi être englobées dans cet ensemble.

Cependant, un avenir se dessine, car en l'état actuel de l'économie et des taux de croissance très faible qui vont caractériser l'évolution de notre pays dans les prochaines années, un des enjeux majeur pour les entreprises sera de créer une croissance intelligente et dans ce cadre, la notion de simplification prendra de plus en plus de sens. Cela va impliquer un effort sans précédent, que ce soit au niveau par exemple des

---

[19] Vscan. Let's take a look, https://vscan.gehealthcare.com/en-emea/gallery/a-quick-look-at-vscan-europe

[20] Thinking outside the box signifie, en anglais américain, penser différemment, de façon non conventionnelle ou selon une perspective nouvelle. http://fr.wikipedia.org/wiki/Thinking_outside_the_box

finalités de la recherche financées par l'Etat (elle devra satisfaire des besoins « locaux » puisqu'elle est financées par les contribuables. Voir en ce sens le concept de RSE[21] (Responsabilité Sociale de la Recherche) qui est concerné au premier chef par cette notion de simplification et de clarté. De nombreux exemples illustrent cette situation :

Un universitaire a un contrat lui permettant d'acquérir un appareil scientifique de haut niveau. Mais cet appareil doit être entretenu et peut tomber en panne, avec des coûts de réparation très important. Comme il n'est pas prévu de budget de maintenance et que le laboratoire en question ne peut pas reporter des crédits d'une année sur l'autre (donc économiser, sur ses crédits pour pallier à une réparation éventuelle), l'utilisation d'un tel appareil n'aura une durée de vie que très limitée.

Les économies budgétaires passent souvent par des centrales d'achat qui vont permettre une réduction des coûts. Mais, comme les entreprises concernées sont françaises dans la majorité des cas, l'économie réalisée conduira à une diminution du profit de ces entreprises et donc à une perte d'investissement possible. Comme nous le soulignions, l'enfer est bien pavé de bonnes intentions.

Le Rafale, bijoux ce technologie s'il en est, est utilisé en France, mais devient quasi non exportable à cause de son coût et de sa complexité. Une analyse poussée de cet échec a été réalisée par Frédéric Donier, consultant indépendant résidant au Brésil. Parmi les divers éléments qui ont amené cet échec (par exemple le fait que le théâtre des opérations aériennes en Amérique du Sud ne nécessitait pas un avion aussi performant, il est en un autre qui est bien en phase avec les principes que nous avons présentés ici, entre autre le fait que la société Dassault n'a pas su s'intégrer à la culture brésilienne[22].

---

[21] Innover dans la recherche publique en France: la responsabilité sociale de la recherche (RSR) est-elle mesurée? Dou H, VSE Vie et Sciences Economiques, Décembre 2010, pp/148-167, 2010

[22] La de-rafalisation des relations Franco-Brésiliennes, Blog Intelligence Economique des Echos, 01,01,2013

« Dassault a, selon plusieurs experts français installés au Brésil, agi de manière réactive, défensive, voire même assez arrogante vis-à-vis des partenariats industriels au Brésil. Ainsi, le groupe qui possédait encore 5% du capital d'Embraer jusqu'en 2007 (aux côtés des 3 groupes Thales, Scnecma et EADS détenant au total 20%) n'a pas su construire de partenariat fort avec le troisième avionneur mondial alors que des complémentarités de gamme auraient pu se développer, par exemple sur l'aviation exécutive. Dassault Aviation n'a jamais réussi à démontrer une véritable brésilianisation de ses activités et de sa culture, étant perçu par les Brésiliens comme un éternel exportateur franco-

L'innovation est nécessaire et on conclue souvent au manque de transfert des connaissances universitaires en milieu industriel. Dans un rapport très récent[23], il est suggéré de créer un diplôme de transfert de technologie de haut niveau, ceci pour optimiser le transfert. Mais, s'est-on posé cette question de base : avant de mettre en place des dispositifs de transfert, il est nécessaire d'avoir quelque-chose à transférer. Alors, le sujet principal devient celui de créer les conditions à partir desquelles les laboratoires de recherche publics pourront réaliser des recherches transférables. Dans ce domaine, la manière dont les chercheurs sont évalués ainsi que les règles de promotion devraient être complètement réévaluées car elles sont complètement contre-productives. En fait elles éloignent le chercheur de la finalité d'une « croissance intelligence » répondant aux besoins de la population.

6 – Intégrer les marges et les exclus

Si la notion de cible est bien perçue en ce qui concerne le luxe par exemple, elle devient moins claire quand on va s'adresser à la masse des consommateurs. Pour les pays occidentaux, comme nous l'avons souligné, une paupérisation latente conduit à des diminutions importantes de revenus sans pour cela exclure la réponse aux attentes des consommateurs. La conquête des marchés émergents qui vont constituer une, si ce n'est la seule, base d'expansion pour bon nombre d'entreprises c conduit aussi à prendre en compte des attentes de solutions liées à de très faibles coûts. En effet une simple connaissance des évolutions démographiques le souligne, on va jouer sur le nombre mais en prenant en compte des besoins qui ne sont pas simplement basique et qui peuvent mettre en jeu des technologies évoluées (téléphone portable, voitures à très faible coût, etc.). Il faut donc être à même de concevoir des produits robustes (on ne peut plus parler d'obsolescence programmée) avec un coût faible. Cela sera vrai, que ce soit pour les produits mais aussi pour les services.

Les exemples les plus connus sont ceux des téléphones portables très simples incluant une lampe de poche, ce qui a permis de pénétrer des marches comme l'Afrique et l'Asie. L'entreprise Chinoise Haier, a aussi adaptée certains de ses produits à des usages « non conventionnels » pour satisfaire le besoin de nouvelles tranches de consommateurs (machine à laver le linge, mais aussi les pommes de terre par exemple)[24].

---

français, distant, possédant un sympathique mais isolé bureau de représentation à Brasilia, à 1000 km des acteurs industriels brésiliens de poids. » http://blogs.lesechos.fr/intelligence-economique/la-de-rafalisation-finale-des-relations-france-bresil-a14008.html

[23] L'innovation, un enjeu majeur pour la France, Jean-Luc Beylat et Pierre Tambourin, http://www.redressement-productif.gouv.fr/files/rapport_beylat-tambourin.pdf

Je peux aussi citer un autre exemple très franco-français concernant le secteur bancaire. Ayant soumis une publication à un journal électronique, j'ai dû payer une somme de l'ordre de 100€ à l'éditeur de cette publication situé en Inde[25]. Je me suis donc adressée à la Banque française x qui a commencé à me demander de multiples renseignements (entre autre beaucoup plus complets que ceux que m'avaient adressé l'éditeur indien). Devant l'impossibilité de fournir le nom de l'agence, l'adresse complète, l'IBAN (qui entre autre n'existe pas en Inde), je n'ai pas pu réaliser cet envoi via la BNP. Je suis alors allé chez Western Union et j'ai effectué le virement au nom de l'éditeur dans l'agence WU la plus proche, cela a parfaitement fonctionné et le coût a été de 3€ (trois Euros), pour la Banque française concernée le coût aurait été au moins de 10 fois plus.

Une autre manière d'intégrer les marges, est de s'occuper de domaines en devenir. Nous citerons ici à titre d'exemple le domaine des personnes âgées. En effet toutes les données démographiques mettent en évidence une croissance forte de cette tranche d'âge pour les années à venir. Ce domaine qui a été très souvent négligée par les entreprises françaises. Témoin en est le récent rapport de Michèle Delaunay, Ministre des Affaires Sociales et de la Santé, Chargée des Personnes Agées et de l'Autonomie, "La Silver Economie, une opportunité de croissance pour la France"[26]. Nous verrons dans le paragraphe traitant de l'information scientifique Jugaad, comment une analyse de l'information peut fournir de nombreuses idées de développement dans ce domaine.

7 – Suivre son cœur

C'est-à-dire rester en empathie avec le consommateur. C'est-à-dire comment on peut mettre en place les capteurs qui vont permettre de connaître l'évolution des usages (par exemple du téléphone portable, des tablettes, et..) dans les pays en développement ou des millions de consommateurs ont pratiquement en même temps accès à ces technologies. Cela se fait par observation du marché en étant immergé dans celui-ci. Pour les pays plus développés comme la France, les réseaux sociaux offrent une opportunité de choix pour connaître la réaction des consommateurs, pour tester sur des

---

[24] Avec ses 8 centres de recherche, Haier dépose deux brevets par jour ouvrable. Et innove en étant soucieux d'être au plus près des besoins de ses clients. Toute une gamme est conçue spécialement pour les paysans. Le produit que je préfère est la machine à laver le linge qui lave aussi les pommes de terre. http://chine.venerque.net/index.php?tag/Haier

[25] Il ne s'agissait pas dans ce cas d'un « éditeur prédateur », ce que nous avions vérifié avant, mais d'une facilité de mettre à disposition en « open source » un travail scientifique concernant des pays en développement.

[26] http://www.bulletins-electroniques.com/actualites/74746.htm

groupes spécifiques les publicités, le désir des consommateurs, etc. Ainsi les LL (Living Labs)[27] entrent dans ce domaine, puisqu'ils permettent de ne plus s'adresser qu'aux spécialistes de l'entreprise ou à ses techniciens pour innover, mais à l'ensemble des consommateurs. Cette «open innovation»[28], devra se développer avec en même temps la co-construction de solutions. La participation voulue ou suggérée des consommateurs dans l'élaboration d'un produit ou d'une solution sera une des clés de la réussite.

Suivre son cœur est aussi faire appel à l'intuition. Celle-ci diffuse ne peut pas vraiment être caractérisée, mais elle provient sans doute de la diversité de la formation de l'individu, des situations diverses dans lesquelles il a évolué, de ses échecs et de ses réussites. Mais, suivre son intuitions être « visionnaire » ne peut se réaliser que si on ne s'enferme pas dans des règles trop rigides par exemple le Six Sigma[29] pour l'innovation. Il faut laisser la place à l'intuition, certes en laissant aussi les autres systèmes ouverts, mais en « tolérant » les solutions transversales où les données pour les évaluer sont souvent manquantes ou plus longues à obtenir. Les exemples d'Apple avec le I-Phone, de Google, de Facebook sont très connus. Si, dans les années passées des pays comme le Japon, plus près de nous la Corée du Sud ont pu se développer grâce à l'innovation incrémentale, il est clair que de nos jours, la situation mondiale étant différente, il faudra laisser plus de place à l'intuition et à l'innovation radicale.

On pourra a titre d'exemple analyser comment les médecins en France développent des solutions, des produits, des inventions radicales. Je pense que cela est en grande partie dû au fait que le corps médical est par essence en empathie avec les malades. Cette proximité est un aiguillon sans précédent pour les aider dans leur processus de recherche et d'innovation. Par opposition, des chercheurs renfermés dans un laboratoire universitaires ou dans une institution de recherche n'auront que très peu de chance d'être en contact direct avec les consommateurs et les utilisateurs. En outre la manière dont ils sont évalués (publications de haut niveau en anglais généralement et de très

---

[27] Exemple du Living Lab Europe, lancé par la communauté Européenne, http://fr.wikipedia.org/wiki/Living_lab

[28] http://fr.wikipedia.org/wiki/Innovation_ouverte

[29] Six Sigma ou 6 Sigma est une marque déposée de Motorola désignant une méthode structurée de management visant à une amélioration de la qualité et de l'efficacité des processus. La méthode Six Sigma a d'abord été appliquée à des procédés industriels avant d'être élargie à tous types de processus, notamment administratifs, logistiques, commerciaux et d'économie d'énergie. Depuis le début des années 2000, elle connaît un grand essor en raison de la complexité des organisations et de l'internalisation des processus qui imposent une vision globale des problèmes, http://fr.wikipedia.org/wiki/Six_Sigma

faible diffusion), les éloignent des problèmes locaux ou régionaux qu'ils devraient appréhender. En outre ceux qui par (je n'oserai pas dire par malchance) se sont orientés vers cette immersion locale (PME, PMI, etc.) sont dans la majorité des cas « punis » lors des évaluations.

8 - Information scientifique et innovation Jugaad

8.1 Recherche et publications

La recherche de la simplicité, la combinaison de technologies existantes pour conduire à des solutions nouvelles conduit à examiner d'une manière critique l'information scientifique. En effet, sous l'effet des systèmes d'évaluation seuls un certain nombre de journaux scientifiques sélectionnés sur des critères internationaux (ou autres ....) et ne publiant qu'un nombre limités de résultats scientifiques en accord avec la ligne éditoriale de la revue et son lectorat a conduit à marginaliser d'autres journaux scientifiques et supports de publications pourtant très intéressants. En ne valorisant pas ces supports «décrits par certains évaluateurs comme de seconde zone », on va créer chez les chercheurs une « autocensure » qui va les conduire à ne pas publier donc divulguer des résultats de recherche qui seraient forts utiles, mais qui n'allant pas dans le sens des évaluateurs, ne présentent donc pas de « valeur' » au sens de la promotion ou de l'évaluation de leur unité de recherche. Cette situation est fortement dommageable car les recherches et les résultats ne peuvent pas tous être de niveau international. La pyramide sur laquelle se construit la recherche s'appuie sur une masse de résultats dont seulement un très petit nombre va apparaître dans des journaux sélectionnés, reconnus et souvent indéfrichables par le monde industriel et entre autre par les PME, PMI, ETM. D'autre part, les pays émergeants, entre autre la Chine[30] et l'Inde, publient de plus en plus de résultats (puisque le nombre de chercheurs augmente dans des revues nationales, non reconnues par « l'intelligentsia scientifique » et donc peu lus, traduits et cités. La communauté scientifique se prive ainsi d'un ensemble de résultats pouvant lui être utile, mais en plus, elle prive le monde industriel et souvent les « consommateurs éclairés » les PME, les PMI, les ETM d'informations qui leur seraient très utiles. Enfin, cet état de fait est particulièrement frustrant pour de jeunes chercheurs qui obtiendraient des résultats ne s'inscrivant pas dans la droite ligne des sujets du laboratoire, et qui, s'ils sont divulgués, seraient interprétés par les évaluateurs comme une dispersion et une perte de temps. Cette situation est dramatique et aboutit à une dissipation importante de l'effort de recherche national, qui pourtant existe mais est très mal orienté. On vient bien en France de créer les Institut de Recherche Technologiques[31] [32], afin de rapprocher les chercheurs des industriels, mais si les critères

[30] China National Knowledge Infrastructure ou CNKI, http://en.cnki.com.cn/

d'évaluation des chercheurs et des laboratoires publics ne changent pas, on assistera à une perte de potentiel très importante. Enfin, on peut souligner que de multiples résultats considérés souvent comme de peu de valeur à cause de leur manque d'impact sur les systèmes d'évaluation, publiés dans des revues adaptées aux pays en développement constitueraient une base de travail inestimable pour ces derniers. Ces revues seraient en outre une courroie de transmission qui inciterait aussi les institutions de recherche de ces pays à valoriser les savoirs locaux. En France, le potentiel constitué par les études et les actions de l'IRD[33], n'est pas suffisamment mis en valeur.

8.2 Les brevets

Il y a a beaucoup à dire sur les brevets et la protection via ce système[34]. De nombreux travaux ont mis en évidence que si le brevet est souvent considéré comme un outil de protection, il peut être très utile pour connaître un domaine particulier. Dans ce cas c'est l'information brevet qui sera la plus utile, complétée par son analyse (APA Automatic Patent Analysis)[35]. En outre il faut bien comprendre qu'une protection accordée dans un pays donné n'est effective que dans ce pays. Par contre le brevet va divulguer l'information sur le nouveau produit ou le procédé au plan international. Si on n'a pas les moyens financiers d'étendre le brevet à d'autres pays, et d'être armé pour soutenir des actions en justices fort coûteuses une réflexion sur la protection via ce système s'impose. D'autre part, avoir un brevet n'est qu'une étape, il faut ensuite avoir soit les moyens, soit les contacts pour que ce brevet soit exploité au niveau industriel. Enfin, on peut très bien avoir de nombreux brevets et ensuite utiliser des sommes importantes pour maintenir ces brevets actifs. Nous ne nous situeront pas dans ce domaine particulier, mais il faut savoir que ces contraintes existent. Pour plus d'information sur

---

[31] Ils sont financés par le Grand Emprunt, et on été créés pour huit d'entre eux en 2011, http://fr.wikipedia.org/wiki/Institut_de_recherche_technologique

[32] http://www.enseignementsup-recherche.gouv.fr/cid56375/instituts-de-recherche-technologique.html

[33] https://www.ird.fr/

[34] http://www.progres-technique.fr/Brevets-et-innovation-la-fin-d-un-cercle-vertueux_a30.html

Brevets et innovation, la fin d'un cercle vertueux, dans le Progrès Technique. « Les brevets sont aujourd'hui devenus un véritable fonds de commerce, et de plus en plus de sociétés ont recours à la justice pour récolter des dommages et intérêts sur les brevets qu'elles ont déposés. Ces pratiques sont un frein à l'innovation et nécessitent une restructuration du cadre juridique.

[35] IPR fac Sheet, CE, Décembre 2013 Automatic Patent Analysis, http://www.iprhelpdesk.eu/node/2118

ces divers domaines nous conseillons d'utiliser l'abondante information fournie par le WIPO[36] (World International Patent Organization)

Par contre le nombre croissant de brevets ainsi que la facilité et la gratuité de leur accès constitue une encyclopédie technologique vivante qui peut être exploitée, à la fois pour trouver de nouvelles orientations, mais aussi pour déterminer l'état d'une technique[37]. Sur le plan de l'innovation Jugaad (frugale), il existe au niveau des brevets et entre autre des brevets chinois, des « petits brevets » c'est-à-dire des certificats d'utilité (« utility model »,)[38] qui facilitent à moindre coût la publication d'innovations mineures, qui dans bien des cas s'inscrivent dans un processus Jugaad. L'exploitation des modèles d'utilité chinois, facilement accessible est une source importante d'innovation Jugaad, de même que les brevets « tombés » dans le domaine public (après vingt ans, ou par non-paiement des frais de maintenance). Sans développer particulièrement ce sujet, nous pouvons citer différentes études réalisées dans le cadre de l'OMPI dans les pays en développement[39], ou des études comme celle sur les technologies du « silver age ». Une analyse des brevets publiée dans le domaine des appareils liés aux personnes âgées concernées par cette technologie, permet de sérier les différentes domaines concernés et montre qu'outre la focalisation sur les objets connectés, on a aussi différentes pistes en mécaniques, mobilier, etc.

Les modèles d'utilité, ne sont pratiquement pas considérés dans les pays occidentaux, pourtant ils constituent à la fois une protection importante[40] (même s'ils ne subissent pas d'examen technologique au niveau de dépôt, celui-ci sera réalisé en cas de litige) utile aux industriels qui veulent explorer le marché chinois. En outre, bien qu'ils ne s'appliquent qu'à des domaines précis (électronique, mécanique..) ils constituent environ la moitié des publications chinoises. Enfin, n'étant que rarement étendus dans d'autres pays, ils peuvent être largement exploités hors de la Chine. On pourra consulter

---

[36] http://www.wipo.int/portal/en/index.html

[37] Automatic Patent Analysis (APA) to Improve Innovation and Decision Making in Science and Technology, Dou H., J. Kister, B. Mannina, International Journal of Latest Research in Science And Technology, Volume1, issue4, 2012

[38] Chinese Patent - A Tentative Explanation of Various Strategies of Patenting
Dou Henri, Dou Jean-Marie Jr, Chinese Business review, January 2013, vol 12, n°1

[39] Automatic Patent Analysis - Technological Strategic Dependence
Henri Dou, Jean Marie Dou J, Getachew Mengistie Alemu, Beijing ICTCI 2011, Progress in Competitive Intelligence, Edition Huaxia Publishing House, 2012

[40] Jewick P., 2013. The Utility Model -- An Effective Tool in Global Patent Portfolio Protection, Intellectual Property today.

à propos des modèles d'utilité chinois divers travaux qui mettent en évidence leur importance au niveau innovation mais aussi au niveau de la protection juridique[41].

9 – Introduire les principes de l'innovation Jugaad (frugale) dans l'entreprise

Dans l'Innovation Jugaad (opus cité) les auteurs montrent comment des entreprises comme GE (General Electrics), L'Oreal, Renault, Haier, Apple, l'Air liquide... ont mis en pratique ces principes. Cependant à notre avis, c'est au niveau des PME et PMI des Etablissements de taille Intermédiaire, de l'université et des centres de recherche que cette pratique doit être introduite. Ce devrait être un des objectifs majeur de l'Intelligence Economique.

9.1 Au niveau de l'information

Le cycle de l'Intelligence souvent présenté comme une base de l'Intelligence Economique, doit être complété par une recherche d'information Jugaad d'une part, mais aussi par la mise en place d'expertises très variées pour les analyser en fonctions des nouvelles orientations de l'entreprise. Les informations formelles (brevets, publications, ..) aussi bien que les informations informelles (réseaux humains, réseaux sociaux) sont concernées. La nécessité pour l'entreprise de remettre en question une partie de son fonctionnement devient impérative. Que l'on s'appuie comme dans certains sur le « design généralisé », ou sur des méthodes anciennes comme celle décrite par Michael Hammer et James Champy dans « reengineering the corporation »[42].

---

[41] "the effectiveness of utility models was demonstrated in recent litigation in China between Chint, a manufacturer of low voltage devices in China, and Schneider electric. In that litigation, Chint succeeded in asserting its utility model against Schneider and obtained a verdict of $49 million, a productive result for a utility model application with just a $70 filing fee. Chint's utility model survived Schneider's subsequent invalidity challenge, with Schneider settling the lawsuit for $23 million. While the dollar amounts might seem small in comparison to patent litigation in the U.S., the Chint case has been described as one of the largest patent damages verdicts in China to date. When to use a Utility Model there are a number of situations when a company should consider filing for one or more utility models." http://www.law360.com/articles/37050/ip-enforcement-in-china-chint-v-schneider-electric

[42] Reingeneering the corporation, a manifesto for Business revolution, Michael Hammer and James Champy , Collins Business Essentials, Available Amazon, http://www.amazon.com/Reengineering-Corporation-Manifesto-Revolution-Essentials/dp/0060559535

L'important c'est de mettre en pratique la recherche de la simplicité, le contact de plus en plus étroit avec les consommateurs, la compréhension des marchés émergents et des besoins de nouvelles tranches de consommateurs, exigeants mais de faibles revenus. L'exemple du changement de comportement dans les pays occidentaux de la perception de la voiture qui ne devient plus un objet de luxe mais un outil de déplacement, conduit à la recherche de la simplification, de la robustesse, et d'un prix accessible, d'où le succès par exemple de la Dacia.

9.2 Au niveau de l'enseignement et des entreprises

Notre enseignement est trop conventionnel. Le schéma d'un professeur devant N élèves, conduit à la relation de 1 à N, établit depuis plusieurs siècles et qui n'a que peu évoluée. Par opposition le développement des technologies de l'information :

- Au niveau matériel, Micro-ordinateurs, Internet, Smartphones, tablettes, cloud
- Au niveau immatériel, Wikipedia, stocks d'information validées et disponibles (brevets, publications en open source), MOOCs (Massive Open Online Courses)[43], systèmes de partage d'information simultanés (Via Google ou autre plateforme), les réseaux sociaux induisant une diffusion quasi instantanée de l'information ...

Introduisent une relation de N à N, qui doit être prise en compte à la fois dans l'enseignement (le rôle du professeur doit changer, les programmes modifiés, le travail en groupe valorisé, le multilingue encouragé ainsi que la pluridisciplinarité) et dans la restructuration de l'entreprise : diminution des niveaux hiérarchiques, ouverture vers l'extérieur, pratiques alternatives au six sigma[44], constitution de réseaux internes autopoïetiques[45]. Il faut considérer, actuellement et ceci à la lumière des enseignements que nous avons reçus dans les guerres non conventionnelles[46], que les flux d'information

---

[43] http://en.wikipedia.org/wiki/Massive_open_online_course

[44] « Six Sigma ou 6 Sigma est une marque déposée de Motorola désignant une méthode structurée de management visant à une amélioration de la qualité et de l'efficacité des processus. La méthode Six Sigma a d'abord été appliquée à des procédés industriels avant d'être élargie à tous types de processus, notamment administratifs, logistiques, commerciaux et d'économie d'énergie. Depuis le début des années 2000, elle connaît un grand essor en raison de la complexité des organisations et de l'internalisation des processus qui imposent une vision globale des problèmes », http://fr.wikipedia.org/wiki/Six_Sigma

[45] http://agora.qc.ca/dossiers/Autopoiese

doivent être renversés. On ne peut plus travailler top – down, mais bottom – up. Ceci va dans le sens de la connaissance des consommateurs, des besoins à satisfaire qui ne doivent pas être imposés, mais consentis, acceptés, reconnus et ainsi valorisés. Ceci est vrai dans tous les domaines, que ce soit au niveau politique, au niveau institutionnel, au niveau de l'enseignement au niveau des entreprises qu'elles soient grandes ou petites.

On pourra aussi noter au niveau des brevets que ces derniers, si on examine les travaux universitaires publiés n'apparaissent quasiment jamais dans les citations. Pourtant, Ils constituent comme nous l'avons mis en évidence une source d'information importante, utile pour la recherche de niches ou de résultats latéraux porteurs de changements.

Au niveau de l'enseignement, qu'il soit destiné à de la formation initiale ou à des professionnels (MBA par exemple) il serait particulièrement important de s'inspirer des programme dispensé au cours MBA de l'Université de Stanford[47] « Entreprenarial design for extreme affordability » ou du programme de l'université de Cambridge[48] « Design Our Tomorrow », qui concerne des projets entrepris avec de jeunes enfants pour induire une réflexion divergente et trouver des solutions nouvelles. La liste des projets réalisés dans le cadre du programme MBA de Stanford est accessible librement sur l'Internet[49].

9.3 L'influence

L'évolution actuelle de l'Intelligence Economique va naturellement vers l'influence, qui conduit à faire accepter volontairement un certain nombre d'idées, de concepts, par les Etats, les populations, les consommateurs, et ceci à leur insu. Alain Juillet a particulièrement bien présenté cette évolution de l'Intelligence Economique et de son rôle majeur dans l'Intelligence Economique de demain[50]. Alain Juillet indique que dans

---

[46] The regularity or irregular warfares, Robert B Scaife, Small War Journal, October 16th 2012 "This "bottom-up" approach does not marginalize one echelon from another, but recognizes the fact that in an irregular warfare environment, tactical units are the main drivers ,on activities within their battlespace, in concert with the strategicunit's end-state. The complexity of irregular warfare necessitate the tactical units having their pulse on both strategic aims of their higher command and the on the aims and needs of the local populace/government"

[47] http://dschool.stanford.edu/extreme/course/course.html

[48] www.inclusivedesigntoolkit.com

[49] http://extreme.stanford.edu/projects/list

[50] Alain Juillet, Intelligence Economique et Influence, les Sciences de l'Information et

le monde hyper médiatisé d'aujourd'hui il est nécessaire d'accompagner la stratégie par des actions d'influence pour expliquer, positionner, justifier ce que l'on fait. Il ne faut pas confondre propagande, publicité, lobbying et influence. L'influence c'est amener quelqu'un à s'auto-convaincre qu'une solution est la bonne sans qu'il ait l'impression de subir une quelconque pression. Il faut donc utiliser l'influence car les méthodes et les outils de l'Intelligence Economique le permettent et parce que si on le fait pas nos concurrents eux, le feront. En effet les réseaux sociaux permettent une diffusion très rapide de l'information (qui souvent a un fond de vérité, mais qui est aussi partiellement manipulée[51]) et ainsi conduisent à l'apparition d'idées fortes qui semblent être issues d'un consensus général, mais qui en réalité ont été induites. Alain Juillet insiste aussi fortement sur le rôle des ONG[52], qui sont des vecteurs d'influence car elles sont bien perçues par le public, mais, elles sont surtout efficaces car elles utilisent non pas des arguments raisonnés, mais des arguments émotionnels ce qui conduit les gens à réagir et à entre en empathie avec elles. De la même manière Joseph Nye présente de la même manière le concept de « soft power »[53] qui met en jeu une partie importante des méthodes et outils utilisés pour la création de l'influence (analyse du cloud[54], intelligence émotionnelle du récepteur, etc.). Joseph Nye indique entre autre qu'une partie du « soft power » repose sur l'aptitude à avoir une intelligence émotionnelle et à apprendre à l'utiliser pour toucher les autres les attirer. Il indique aussi qu'une vision est nécessaire c'est-à-dire l'art de présenter le futur d'une manière attractive pour captiver les gens et faire en sorte qu'ils vous suivent. Enfin, il insiste sur la communication qui est nécessaire pour faire connaître et partager sa vision, en utilisant la communication classique verbale, mais aussi une communication non verbale (attitude, vêtements, manifestations organisées, etc.) Mais, si cette influence est vue souvent comme une méthode de «domination consentie», elle peut aussi être utilisée pour créer avec les consommateurs une empathie qui permettra de mieux comprendre leurs attentes. Elle

---

leurs implications géopolitiques », 28-29 Novembre Ajaccio – Audio recording accessible sur www.ciworldwide.org

[51] Sans parler d'information manipulée, le timing de présentation des informations, la manière dont on les met en séquence, dont on les commente sont autant d'aspects qui vont agir sur notre émotion, sans que l'information soit déformée.

[52] **Influence, ONG, lobbies et réseaux, François Bernard Huygue, 6, 12, 2013, blog :**http://www.huyghe.fr/actu_477.htm

[53] Joseph Nye, Soft Power Skills, https://www.youtube.com/watch?v=to7VXeXtNVI

[54] Présentation des professeur Qihao Miao et Xie Zinzhou, au Colloque « Les Sciences de l'Information et leurs implications géopolitiques » se tiendra les 28 et 29 Novembre au palais des congrès à Ajaccio voir http://www.ciworldwide.org

permettra aussi de diminuer la barrière conversationnelle entre deux individus ou entre une entité (entreprises par exemple) et l'ensemble des consommateurs potentiels.

Le «story telling management[55]» pourrait aussi, mais cependant d'assez loin concerner l'influence. Cette méthode consiste à créer sur son auditoire une sorte d'influence qui va captiver son attention. Pour cela il faudra « tourner » une histoire (tourner, d'où le terme anglo saxon de «spin doctor[56]») qui en faisant référence à des faits réels permettra de donner du sens au propos, de le replacer dans une perspective historique (généralement gagnante et bénéfique, comme par exemple les allusions au « pont d'Arcole » dans les discours politiques, etc.). On peut aussi dans une telle technique s'appuyer sur les informations existantes, voire en créer de toute pièces, pour étayer l'histoire qui va soutenir le point de vu exposé. Cette manière de procéder à un point commun avec l'influence, on essaie de créer un contexte émotionnel générée par l'histoire qui est racontée pour entre en empathie avec l'auditoire.

10 – La simplification

La simplification devient une nécessité comme nous l'avons montré dans les chapitres précédents. Mais, comprendre la nécessité de simplifier c'est aussi se référer à des travaux antérieurs et entre autre à la loi de Parkinson[57]. « Elle fut exprimée en 1958 par Cyril Northcote Parkinson dans son livre *Les Lois de Parkinson*, basé sur une longue expérience dans l'administration britannique. Les observations scientifiques qui contribuèrent au développement de la loi tenaient compte de l'accroissement du nombre d'employés au Bureau des affaires coloniales, ceci malgré le déclin de l'Empire britannique dans le même temps. ». Parkinson a ainsi mis en évidence deux tendances fortes :

- Dans l'administration, il faut diviser pour régner. Donc parcelliser les tâches pour ne pas affronter directement un collaborateur qui pourrait nous remettre en

---

[55] http://storytelling-management.blogspot.fr/
Voir aussi Annette Simmons, *The Story Factor*, Basic Books, 2001 (ISBN 978-0465078073)
[56] http://fr.wikipedia.org/wiki/Spin_doctor
« Un « spin doctor » est un conseiller en communication et marketing politique agissant pour le compte d'une personnalité politique, le plus souvent lors de campagnes électorales. Le terme est généralement porteur d'une connotation négative : la pratique a montré que le spin doctor n'agit pas toujours de façon morale notamment du fait de l'emploi de la technique dite du Storytelling. »
[57] http://fr.wikipedia.org/wiki/Loi_de_Parkinson

cause. Ceci conduit à la multiplication des systèmes de coordination internes, entrainant de nouveaux emplois etc.

- « Les fonctionnaires se créent mutuellement du travail ». Ceci conduit à une prolifération interne, à plus de complexité à un allongement des temps de travail, mais au bout du compte au même « output » extérieur.

Il faut donc éviter ces causes dans l'entreprise et effectuer un reengineering profond de ses structures. Ce qui est vrai pour l'entreprise, qui est en train de le comprendre, poussée par la nécessité, devient caricatural lorsque les structures universitaires sont examinées. La multiplication des commissions, des conseils, du CEVU, des processus d'enregistrement des étudiants, des barrières nécessaires à l'inscription en thèse et pire à la soutenance du doctorat, sans parler de l'habilitation à diriger des recherche sont tristement comiques (tristement cela est sûr car ce sont des carrières qui peuvent être faites ou défaites par des processus impersonnels sans responsables réels), comiques c'est certains pour tous ceux qui sont en compétition avec nous dans le monde et qui voient nos efforts ralentis par nos propres structures impossibles à se réformer.

De même la multiplication des structures, entre autres pour l'obtention des aides à l'innovation, des crédits de développement, des aides à l'export conduit à une complexité telle qu'il faut souvent faire appel à un spécialiste pour se mouvoir dans cette « jungle » administrative. IL en va de même (et souvent en pire)[58], en ce qui concerne les aides octroyées par l'Union Européenne. Les portails fédérateurs, en vogue à une certaine époque ne suffisent plus devant cette prolifération. Ceci entraine à la fois frustration, perte d'efficacité et dépenses inutiles.

Des analyses fines, réalisées sur la typologie des entreprises françaises conduit aussi à des résultats qui sont directement concernés par la simplification, la mise en place de processus de management de recherche et d'innovation « simples ». C'est ainsi qu'une étude réalisée par GE France en coopération avec l'ESSEC[59] a mis en évidence que ce ne serait pas nécessairement les ETI (Etablissements de Taille Intermédiaire) dont rêvent nos politiques qui seraient vraiment le moteur de l'innovation française, mais plus surement les Etablissement de Taille Moyenne (ETM) dont le CA est compris entre 10 et 500M€ . Ces dernières représentent 1,3% des entreprises du pays mais leur activité

---

[58] PME comment profiter des aides européennes, Décideur en Région, 12, 04, 2012 http://www.decideursenregion.fr/National/Developper-Manager/entreprises/international/PME-comment-profiter-des-aides-europeennes

[59] GE Immagination at work, 19, 11, 2013 voir aussi Le Journal des entreprises, 19,11,2013 http://www.lejournaldesentreprises.com/national/entreprises-de-taille-moyenne-et-si-elles-supplantaient-les-eti-06-12-2013-211871.php

concerne environ 20% de notre économie. La conséquence au niveau de l'emploi est que les ETM ont un effectif qui a augmenté de 0,6% alors que celui des grandes entreprises a reculé de 0,4%. Il est vraisemblable que les ETM « ont plus de peps que les Grande entreprises, selon Patrice Coulon, délégué de GE France. Mais à mon avis, il est plus vraisemblable que les ETM sont plus agiles, plus résilientes et même qu'elles développent un esprit Jugaad, parfois sans le savoir.

11 – Des exemples d'influence en milieu recherche et éducation

En Intelligence Economique et principalement dans sa pratique, il ne faut pas être naïf. Comprendre les forces externes auxquelles doit résister l'entreprise est vital. Dans ce cadre comprendre l'influence étrangère et ses moteurs est une nécessité. Nous allons prendre ici quelques exemples simples.

11.1 Le rôle des publications scientifiques et des experts

Le système d'évaluation de la recherche pousse les chercheurs depuis plus de trente ans à ne prendre en considération que des journaux largement liés aux éditeurs anglo-saxons d'une part et d'autre part de langue anglaise. Le résultat de cette tendance est une course à la publication et à des index qualifiant la valeur du chercheur ou du laboratoire. Cette fièvre bibliométrique selon Gingras[60], auquel nous nous associons, conduit à une déperdition forte des moyens de la recherche en concentrant les chercheurs sur des problèmes qui souvent sont liés leur capacités de fournir des résultats « publiables » et valorisant. En évitant ainsi la divulgation de résultats qui existent pourtant mais qui ne peuvent pas être publiés dans ce contexte, on prive certainement les PME les ETM, les collectivités locales de savoir et de compétences qui seraient utiles pour leur développement. En outre, on fournit la primeur de nos résultats à des revues étrangères qui bien que mettant en avant l'éthique des examinateurs peuvent néanmoins, avant même l'examen des travaux à publier les utiliser. Les divulgations récentes sur le captage des communications, l'espionnage des téléphones, etc organisés par les USA, jettent bien entendu un doute et laissent entrevoir la possibilité de pratiques différentes, même au niveau des publications scientifiques.

---

[60] La fièvre de l'évaluation de la Recherche. Du mauvais usage de faux indicateurs, Yves Gingras, Note de Recherche, UQAM, http://www.cirst.uqam.ca/Portals/0/docs/note_rech/2008_05.pdf

11.2 Les experts

Sur le plan des experts, même nationaux et examinant des structures de recherches nationales, on voit souvent apparaître des jugements non fondés, des manipulations d'index d'évaluation, mais pire dans certains cas la captation même de projets. On pourrait alors caractériser certaines institutions en citant François Miretterand dans « Le coup d'Etat permanent 1964 »"Dis-moi par qui tu fais juger et je te dirai qui tu es". Il n'est pas en politique d'axiome plus sûr."

Il y a donc en même temps que la simplification un besoins de transparence. Ce besoin est d'autant plus grand, qu'en France on n'a pas tendance à aimer les bibliographies des personnes, peut-être à cause d'antinomies politiques ou d'un peut être aussi d'un passé récent (seconde guerre mondiale, occupation et libération) ou même de fluctuation de carrière. Mais nous parlons ici de transparence scientifique et nous allons souligner l'exemple du Brésil en cette matière. Le CNPq (équivalent du CNRS français) a développé au Brésil la base de données Lattes[61] (du nom d'un scientifique brésilien). Cette base de données est publique (on peut la consulter depuis la France via l'Internet). Elle recense plus d'un million de scientifiques, depuis les professeurs, les docteurs, mes maîtres en rendant accessibles leurs travaux, leur vitae, leur publications, leurs collaborations. Elle fournit même des indicateurs scientifiques qui du fait de la cohérence et de la qualité de la base agissent comme des TTP (Tierce Third Party – Tiers de confiance). Ainsi, la qualité d'un expert ne peut pas être mise en doute et cela crée à la fois une émulation et un climat de confiance propice au développement. A quand une telle base de travail en France ?

11.3 Le rôle des standards

Nous n'analyserons pas en détail le classement dit de Shanghai pour les universités, cependant, ce classement qui est basé sur un certain nombre de règles qui ne sont pas toujours objectives[62], produit de nombreux effets en France. Par exemple il est comment d'entendre dire : « nos universités doivent remonter dans le classement de Shanghai », pour ce faire on pense que le regroupement des universités, pour atteindre une très grande masse critique d'étudiants et de professeurs serait une bonne solution, mais cela conduit généralement à plus de complexité et à de plus grandes difficultés de gestion.

---

[61] http://lattes.cnpq.br/

[62] Le Classement de Shanghai controversé, Viviane Thivent, Science actualité.fr, 01,08, 2013, http://www.universcience.fr/fr/science-actualites/actualite-as/wl/1248100233605/le-classement-de-shanghai-controverse/

Dans les standards, si on connaît bien l'influence qui est quasi permanente dans les comités internationaux d'établissement des normes, il y a d'autres aspects moins connus. Par exemple, les Ecoles de Commerce considèrent que des éléments d'attractivité pour les étudiants sont les accréditations AACSB (Américaine) et EQUIS (Européenne, mais de connotation anglo-saxone). Ces accréditations, entre conduisent à imposer aux écoles un certain type de professeurs (docteurs avec habilitation à diriger des recherches par exemples), ce qui oriente la masse salariale au détriment de praticiens reconnus dans le milieu industriel et des affaires par exemple. Elles induisent aussi (puisqu'elles sont prises en compte) à publier dans un certain nombre de revues reconnues par des « comités spécifiques » au détriment de certaines qui seraient bien plus utiles à l'entreprise ! Enfin, elles agissent aussi sur le format et le contenu des cours. Ainsi, de bonne foi, les Ecoles de Commerce adoptent des règles contraignantes, conduisant à la disparition d'écoles régionales qui rendaient de grands services à l'industrie locale. En outre ces accréditations induisent un mode de pensée (et donc d'action) des managers « prévisible » sans que l'on ne sache plus très bien ce que cela implique sur la scène internationale[63].

Conclusion

L'Intelligence Economique a été conçue en France pour introduire dans les structures de l'Etat et des Entreprises de nouveaux comportements, de nouveaux concepts, une nouvelle attitude face à la complexité du monde, face à la dégradation de la situation macro-économique, face à la concurrence impitoyable de nos concurrents dans les marchés émergents. Elle avait aussi pour objectif de conduire les décideurs à traiter les problèmes dans un cadre différent, l'allégorie de la caverne, dans « La république » en est un bon exemple. Mais, depuis la parution du rapport Carrayon et du travail accompli par Alain Juillet dans le domaine, bien des choses se sont passées. La croissance n'atteindra pas des niveaux élevés et il faut pourtant créer une croissance intelligente. Si durant les années passées, l'empreinte de Milton Friedman[64] s'était imposée, le retour vers une pensée économique proche de J. Schumpeter[65] de K. Pavitt[66] (retour vers l'industrialisation) ou même d'Armatya Sen[67] (Indice de développement humain) doit conduire à de profonds changements. La culture du profit (ce qui est encore le cas avec les fonds d'investissements qui avec un retour sur investissement élevé et à court terme)

---

[63] *Claude Revel,* La France : Un pays sous influences ?*, Vuibert, 2012, 272 p. (ISBN 2-3110-0632-0)*

[64] http://fr.wikipedia.org/wiki/Milton_Friedman

[65] http://fr.wikipedia.org/wiki/Joseph_Schumpeter

[66] http://fr.wikipedia.org/wiki/Keith_Pavitt

[67] http://en.wikipedia.org/wiki/Amartya_Sen

ne sera plus compatible avec les changements économiques et l'avènement de contraintes nouvelles et fortes. La démographie en croissance dans les pays émergents et décroissante dans les pays du Nord, l'apparition de nouveaux pôles d'attractivité (Asie, Afrique), le développement des conventions bi-latérales, les bouleversements climatiques, l'épuisement des ressources, etc. vont nécessairement changer les « règles du jeu ». Il devient donc nécessaire de « faire évoluer la doctrine» et de ne plus se reposer uniquement sur les guides et aspects primaires de l'Intelligence Economique. Il est évident qu'une économie soutenable ne pourra pas se développer en permanence sur des gains de productivité qui actuellement atteignent leur limite. Il faudra donc innover, mais d'une façon différente de celle d'aujourd'hui : être plus agile, chercher les solutions simples, favoriser les dialogues transversaux, être à l'écoute des futurs consommateurs, de leurs attentes et de leurs moyens financiers. En même temps il faudra que les pays du Nord, s'ils veulent maintenir leurs avantages compétitifs devront « libérer la créativité » de leurs chercheurs de leurs entrepreneurs. Cela nécessitera un changement profond et entre autre pour notre pays une remise en cause de certaines «élites» de certains «privilèges» ainsi que d'une modification profonde de notre système éducatif. C'est dans cette voie que l'Intelligence Economique doit «s'engouffrer» non pas pour créer un changement de mode, mais pour s'adapter aux nouvelles circonstances qui impactent déjà notre vie et qui s'accroîtront dans un très proche avenir. L'Intelligence Economique a devant elle un avenir brillant si elle sait s'adapter au monde nouveau auquel nous devrons faire face dans les 20 prochaines années.

Competitive Intelligence regional development accelerator

Henri Dou

University Professor, Director of Atelis (Strategic Workroom France Business School, Tours)

douhenri@yahoo.fr http://www.ciworldwide.org http://www.amazon.fr/Henri-Dou/e/B00AWD21WU

1 - Introduction

Today, the development of the worldwide competition introduces new practices, methods and tools to understand the complexity, to map the uncertainty and to promote the regional development by comforting or developing competitive advantages. The globalization is not a menace, but a tremendous opportunity for those which will be able to detect the new possible markets, the will of the consumers. The development of these new opportunities cannot be improvised and methods and tools are necessary. This is the role of Competitive Intelligence, which is recognized all over the world as the best system to achieve the former goals.

2 - What is Competitive Intelligence

All the countries have to protect their positions, but also they must develop new competitive advantages. These two objectives necessitate a good governance and the best decision making. This is the role of Competitive Intelligence which will use formal and informal information and advices of the best experts to understand the impact of the information on the objectives of the enterprises or the institutions. This will conduct to the creation of an actionable knowledge and to recommendations of alerts indexes for the decision makers.

A wider definition will include the development and the creation of jobs able to maintain a national cohesion. This has been the case of the Carrayon report in France, named “Intelligence Economique et cohésion sociale”.

If we analyze all the aspects of the Competitive Intelligence it underlines that different competencies are necessary to develop a Competitive Intelligence system. Among all these competencies we point out the use of information and its analysis and most specifically the patent information. It underlines also the role of experts groups to issue the right recommendations and alert indexes. All these aspects are show in the next figure which presents the cycle of intelligence.

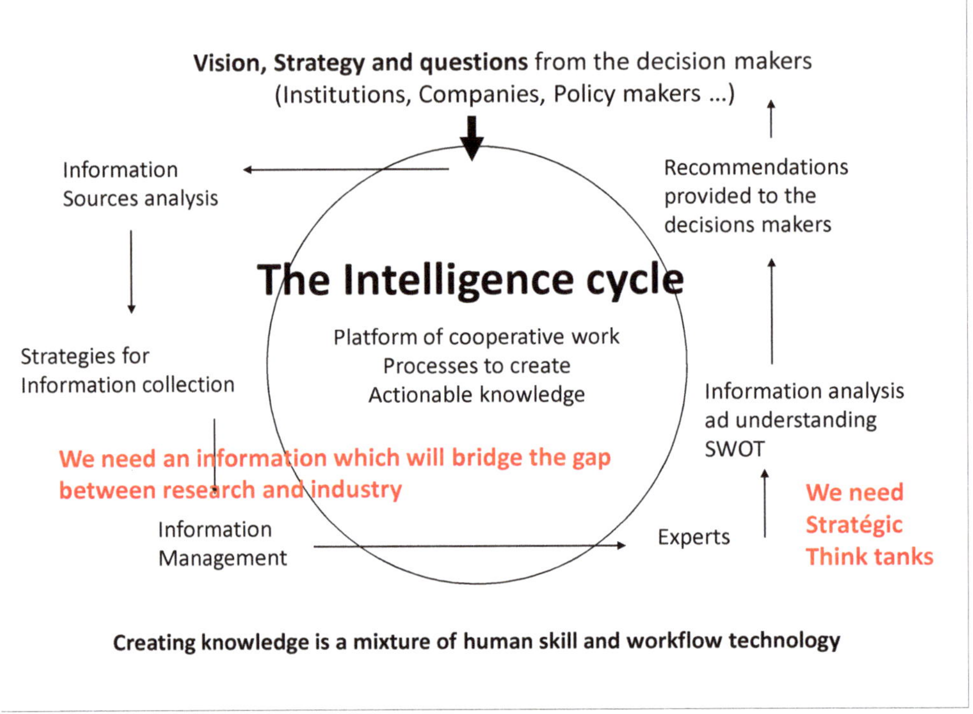

Figure 1 – The cycle of Intelligence

3 - Innovation

The policy makers of all countries praise innovation as the best way to develop or maintain competitive advantages. Many reports such as the Palmisano report[68] (USA) the Beffa report (France) the Innovation report (France) seconded this point of view.

[68] Analysis of the Palmisano Report by Tamada Shumpeter a fellow of the RIETI (Japan) http://www.rieti.go.jp/en/columns/a01_0158.html

The better example of this process is indicated in the statement presented by Elias Zerhouni[69], Director of the National Institutes of Health (NIH) in the USA: *"The success of American scientific research depends on the existing implicit partnership between academic research, the government and industry. The research institutions have the responsibility to develop the scientific capital. The Government finances the best teams by a transparent system of selection. Industry holds the critical role to develop robust products intended for the public. This strategy is the key of American competitiveness and must be maintained.*

The understanding of the two main steps of innovation is necessary to be able to facilitate its development. Innovation proceeds in two steps:

- The state finances the best research teams to create the national intellectual capital
- These competencies must be transformed in products and services to go to te market and be exported

---

[69] Presented in December 2006 during the congress organized by the American Society of Hematology. Cited in What model the French public research, Les Echos, wednesday January 10th 2007, Alain Perez

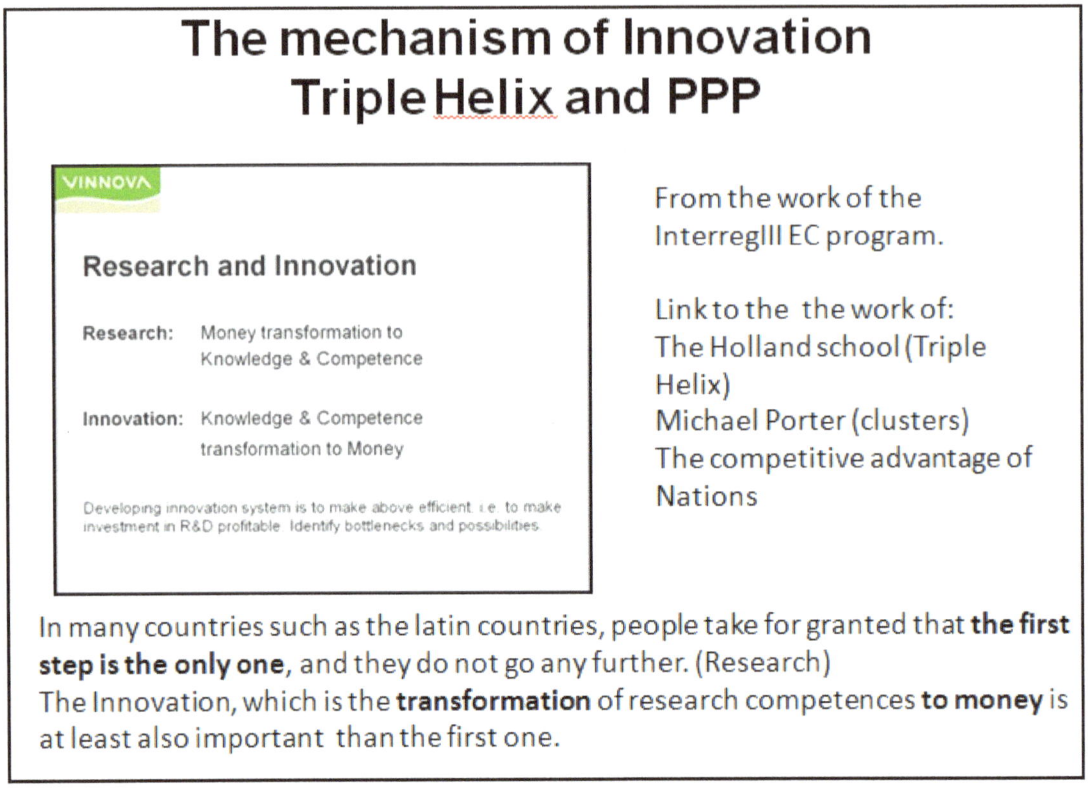

The mechanism of Innovation Triple Helix and PPP

Figure 2 – The mechanism of innovation

If the first step is generally common place the second is also important even more important. This is the development of PPP Public and Private Partnerships which generally end by the development of specific clusters[70]. The role of Competitive Intelligence will be to favor the link between research and industry, to gather the stakeholders of one domain and to analyze and favor the mechanism of pre-clusterization. In the same time, the development of new advantages cannot be only

[70]http://www.amazon.fr/Competitive-Advantage-Nations-New-Introduction/dp/0684841479
published in 1998. Extract: "Why do some Nations succeed and other fall in international competition? This question is perhaps the most asked economic question of our time. Competitiveness has become one of the central preoccupations of government and industry of every Nation. The United States is an obvious example, with the growing public debate about the apparently greater economic success of other trading Nations. But intense debate about competitiveness is also taking place today in such "success story" nations as Japan and South Korea."

grounded on the past or the present but they must also include the future. This is the reason why a certain expertise in prospective is necessary.

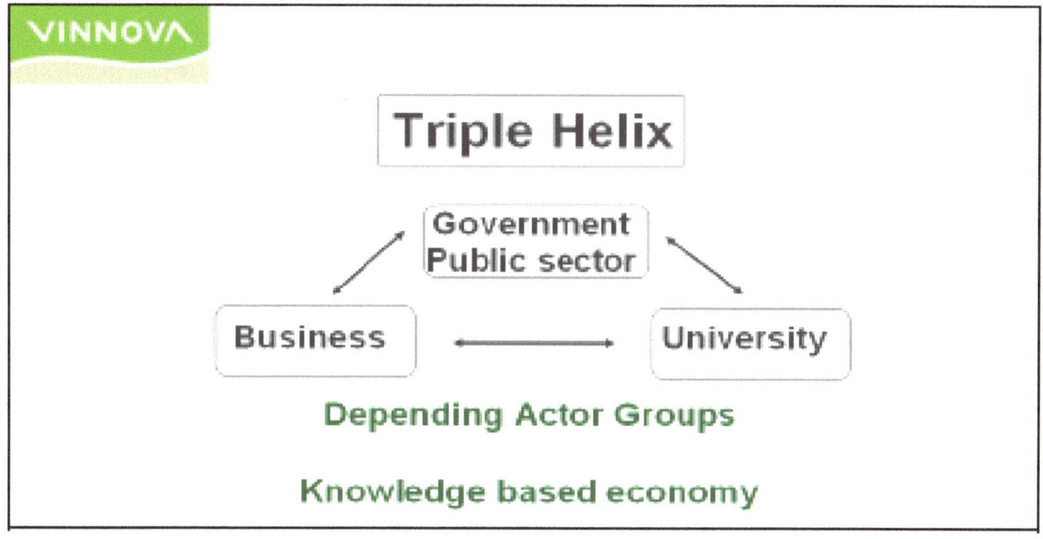

Figure 3 – Public and private Partnership, the cluster development

4 - The knowledge of the region expertise and value

It is not possible to develop new ideas and new vision of the future if the competencies of the region are not mapped. This introduce in Competitive Intelligence the concept of Regional Observatory which will provide to the think tanks and experts all the date (material and immaterial) present in the region. This will be of a crucial help when a project will show up because in all the cases it will be necessary to analyze it through the SWOT system (Strength, Weaknesses, Opportunities and Threats). They are various examples of such observatories such as the Observatories of the Region Centre in France, the one of St Pierre et Miquelon (French Island), etc… Innovation is often developed in co-participation of various actors of different competencies to create new products, new businesses. This is the reason why these eco-system of innovation will have their origin of course of the will of the participants but also to the best understanding of the local competencies and forces to combine different knowledge. The observatory when it works well acts in close link with experts groups or strategic regional thin tanks which will shape the future of the region by the way of strategic programs of R&D.

5 - The key role of information

Information is critical in competitive intelligence. The vision and strategies allow to detect the best information sources and to collect the strategic information (formal and informal). This information will be stored and handle in such a way that it will second the role of the experts which will evaluate its impact on the vision and strategies. Automated systems, such as the APA (Automatic Patent Analysis) will provide a way to analyze large amount of information to be able to better understood what is going on in various technical and industrial sectors. In the pre-development of clusters, the information will have the important role to show what "the other" are doing with the local competencies, it will provide ideas, incremental innovative process and also it will strengthen the potential stake holders of a future cluster.

The patents have a critical role to create a link between research and industry. Different Programs developed by International organization such as the WIPO (World International Patent Organization) consider patent as a source of innovation because it describes in detail what other do in various industries and in various countries[71]. Various Patent Organization developed also for developing countries[72] the use of patent Information to improve innovation The free availability of patents as well as the access for a very low cost to APA (Automatic Analysis Software)[73] will facilitate for laboratories, SMEs, individual the development of a concrete vision of the application fields of their knowledge.

The use of bibliometric tools may also be of a great help[74] to brush and enlarge the scope and the vision of academics which most of the time are focused on tiny research domains.

---

[71] Patent Analysis for Competitive Technical Intelligence and Innovative Thinking H Dou, V Leveillé, S Manullang, JM Dou Jr, Data Science Journal (DSJ), Vol. 4 (2005) pp.209-236

[72] See http://www.ciworldwide.org for various examples of the development of this program in Africa (Cameroon, Burkina Faso, Mali, Ethyopia, etc.

[73] See for instance http://www.matheo-software.com

[74] Intégration de l'Intelligence Economique et de la Veille dans un laboratoire de recherche académique scientifique (Chapitre)., Kister J, Dou H, Hermes Lavoisier, Chapitre, coordination Amos David, 2010

Another part which is important and linked to information science, is to use the facilities offered by IT (Information Technologies), to create or comfort networks of researchers and companies. A good example of these facilities is given by Brazil which developed the database Lattes[75]. This database is freely available for all and gives all the details of the Brazilians researchers financed by the CNpQ (Centre National of Brazilian Research, equivalent to the CNRS in France). This database can also be interlinked with other databases which describe the technical and scientific capacities in research and technologies of SMEs and SMIs all around the country. The result is a large facility for the people who want to develop PPP (Public and Private Partnerships) and to find the right partner.

It is fundamental in Competitive intelligence to associate persons able to master the information systems and to retrieve the right information. This implies documentary competencies as well as the development of human information networks. Not all the information is available in Google as well as in English commercial databases. It is often necessary to query the genuine national databases in various languages such as the Chinese databases.

Another role of the technical information such as the patent databases is very important to build up links between the research and the industrial development. To handle, analyze and create out of this information an actionable knowledge it is necessary to have or to develop the necessary competencies in universities in industries and at the regional level. The best conditions are reached when part of these people can be gathered in regional think tanks. These kind of structures will provide to the region the way to look ahead and to use as best as possible the local competencies and if necessary to build up new ones. This prompts for the development of robust higher and technical education programs.

6 - Prospective and development

If the optimization of the existing systems is necessary, this can be done through a rational analysis follow by a road mapping and the analysis of the results at different

---

[75] From the name of a brazilian scientist http://lattes.cnpq.br/english/conteudo/aplataforma.htm

interval of time to analyze the progress of this optimization. But this will not involve to much expertise if it is to be able to bench mark the "best in class" in the domain.

Now, what if more difficult and necessitate a confirmed expertise, is to develop a vision of the future. What our ongoing production s and activities will become in the future? What will be the impacts of unexpected conditions such as the weather changer, the increase of the fuel price on transports, etc..

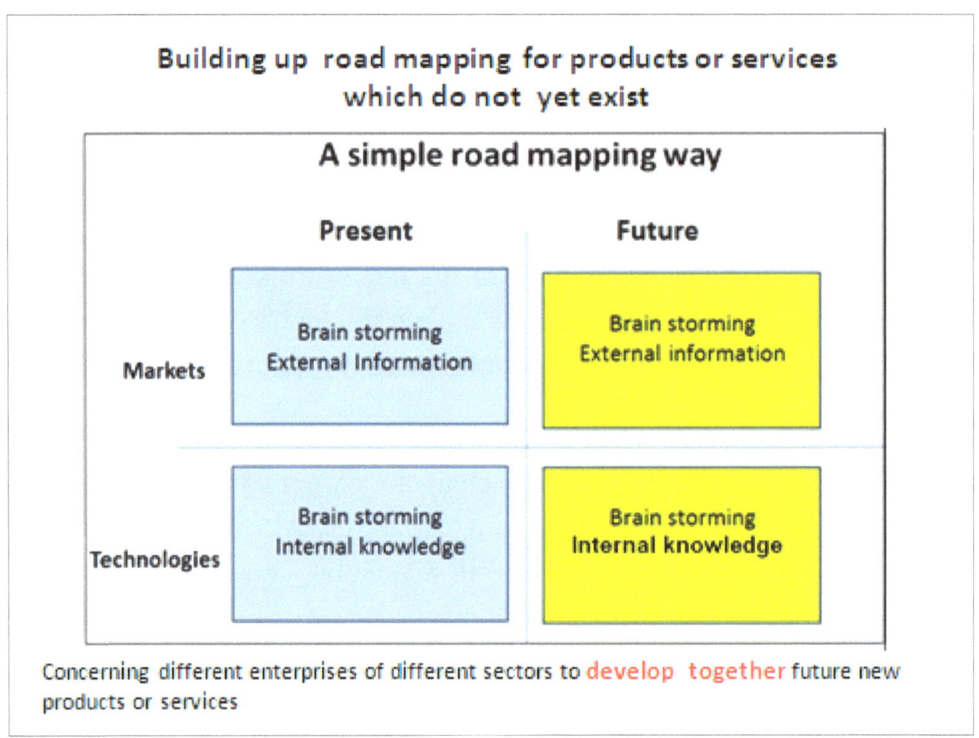

Figure 4 - Building a road map for future actions

To be able to develop a prospective vision of the development of a region, the role of the observatories are fundamental as well as the knowledge of what "what may happen next". This is true for the development of new products and services, but this is also true for the today competitors in all types of activities industrial, agricultural, tourism … The Porter's 5 forces are then a useful way to analyze the situation: what are the new entrants, what will be the impact of the technologies, what will be the impacts of the cost of the crude material or the intermediate products that we used, what will be the direction of the development of the consumer needs. But, beyond these different questions there are also new unexpected events such as the weather change, the terrorism, the epidemic sanitary conditions, the natural catastrophes, etc...

The best technique to be used in think tanks for the development of this prospective vision is to use brain storming and mind-mapping techniques. Again, these techniques need to correlate ideas and new prospective vision with the information available at the moment. Not what was going on years ago, but what is going on today.

7 - Prospective vision for Mauritius, a tentative presentation

This is the best way to develop one or several road maps, for the future development of Mauritius. According the state of the present (evaluation of the main areas which ensure the development of the Island), several scenarios may be developed according the possible trends of these areas and the political goals of the decision makers.

It is clear that the global vision is most of the time to create the best living conditions for the people but, to reach this objective it is necessary to maintain or better to develop the island economy. The necessary funds will come from this development. May be some special help may come from Europe or other Institutions, but the most important funds will come from the economic development of the island.

When such an analysis will be done, you are facing all the areas concerns by the people condition s of living, and on the other hand by the constraints and move that the industrial development will necessitate. (in this case we assimilate tourism, to a kind of industrial development).

People leaving condition

Health, Housing, Education, local transportation, food and related prices

Industrial development (we have to consider what makes the today prosperity: agriculture (sugar), tourism, banking, It development, textile the vision of the future (what Mauritius can be in several years) and the brakes which will slow down this development.

The future:

Mauritius may become a reference for the African development → comfort the political position of the Island

Mauritius may become a TTP (Tierce Third Party) useful for conflict arbitration

To maintain good tourism conditions, Mauritius should aim to a sustainable development

Added value products from agriculture could be developed

Textile, local industries must move from quantity providers to intelligent providers (creation of "new textiles" with more added values.

IT related industries can be developed

Fish industry must be considered as important in the future.

Safety conditions of living must be increased

The brakes

Industrial development is a key point, but industrial development need **energy**. This is a crucial point for Mauritius, since about 97,6% of the energy is provided via carbon sources (petroleum, gas, coal). This prompt for the development of sustainable energy sources (solar, bio energy, etc.)

Banking. The international rules which will certainly follow the actual trend will move to clear banking operations. This is a condition which must be fully considered by the policy makers.

Tourism, is moving to cultural and sustainable tourism, this concern will play a growing role and then adequate decision should be taken in the Island, for instance the coral reef sustainability, museum and island history, folklore, etc..

Agriculture: this sector needs optimization and development of added value products

Weather change: the impact of the weather changes on the Island should be estimated and consequent measures taken

Water resources: evaluation should be done not only for the present but for the future

Education: the economic development in a global world needs educated people on a technical point of view and also in research aimed to sustain the local vision of the development.

You can see that the need of strategic think tanks to clear the way of the future trends is very important. We are facing a sort of puzzle (associated with the best possible information upon the subject) and putting the thing together in a sensitive way is the key of success. Most of the countries which succeed well are those which are able to shape the future to be in the best condition to take the better decisions. It is also true that many possibilities will show the necessity to find international partners either to make joint ventures, to transfer various technologies, etc. But, to get the best chance of success it is also necessary to build up a local knowledge able to understand and use for their best advantage of the technology transfer, this means to have local people with the necessary scientific and technical knowledge in the areas concerned by the transfer. This will allow, in the middle term to develop incremental innovation[76].

8 – Conclusion

The Competitive Intelligence, its links with innovation, prospective and actionable knowledge is today one of the best method and tool available to give the best recommendations to decision makers and build up the best alert indexes which will be some key indicators of concurrencies and competition trends in the key areas of the Mauritius development. This situation should prompt for the creation of a national program of Competitive Intelligence which will convince the decision makers and the political institutions to adopt a new mindset to maintain the position or ameliorate the global position and advantages of the Mauritius Island.

Bibliography

Compétitive Intelligence - Développement régional - Quelques réflexions de Dou Henri (2 janvier 2013) Amazon format Kindle

---

[76] Henri Dou, Mai 2013, Conference : Competitive Intelligence and local development applications, UNIMA (Universtas Negeri Manado), Sulut, Indonesia

Competitive Intelligence and Regional Development - A Focus on Developing Countries de Dou Henri, Dou Jean-Marie Jr et Manullang Sri Damayanty (2 janvier 2013) Amazon format Kindle

Competitive Technical Intelligence - A Focus on Industry Development in Developing Countries de Sri Damayanty Manullang, Jean-Marie Dou et Henri Dou (16 janvier 2013) Amazon format Kindle

Annexe

1 - The crucial role of information

In the former developments you saw that the key of Competitive Intelligence is information (formal and informal information). To create an actionable knowledge, it will be necessary to use the most pertinent information able to create a link between research and development and to be the cement which will help the stakeholder of an area of development to gather together.

Among all the information available, one of the best to achieve such an objective is the **Patent** Information. If patents are most of the time viewed as a way to protect an invention, there is another use of the patents: the information that they provide are a catalyst to innovation. Today patents are fully available (free) through for instance the world patent database provided by the EPO (European Patent Office). This database gathers patents for more than 90 countries and provides more than 80 million of patent notices. This living technical encyclopedia can be used to see the trend in one technology, see the new potential entrants, seek for possible partners, see the main actors of the field, the main inventors, to benchmark companies, to compare R&D from various countries of companies, etc. All these data can be obtained from the APA[77]

---

[77] Chinese Patent - A Tentative Explanation of Various Strategies of Patenting
Dou Henri, Dou Jean-Marie Jr, Chinese Business review, January 2013, vol 12, n°1
New Development of Competitive intelligence and Poles of Competitiveness
Henri Dou, Application and best practice of Competitive Technical Intelligence, Peking University Press, ISBN 978-7-301-20609-6, pp.57-69, 2012

(Automatic Patent Analysis). Very handy software at low cost allows to perform such a task.

In the following example we will like to show part of the results obtained in the field of TEXTILE.

2 - Material and method

We used as a source of information the World Patent database from the EPO. The query was textile in titles and the limitation the year 2013. The APA was done using Matheo-Patent[78].

The query leads to 1673 patents. June 14th 2013

3 - Results

The number of patents on demand or granted in one year is very important and this underlines the fact that the domain is moving fast with a lot of competitors. A wider study (on several years for instance will give the trend in technological development, but for this example we will show only the main areas of development for the year 2013.

---

78 http://www.matheo-patent.com demo available as well as training software global cost 690€ per year. Number of searches of analysis unlimited.

Area of Development IPC[79]	Family number[80]	Patent number
LAYERED PRODUCTS, i.e. PRODUCTS BUILT-UP OF STRATA OF FLAT OR NON-FLAT, e.g. CELLULAR OR HONEYCOMB, FORM	83	230
TREATMENT, NOT PROVIDED FOR ELSEWHERE IN CLASS D06, OF FIBRES, THREADS, YARNS, FABRICS, FEATHERS, OR FIBROUS GOODS MADE FROM SUCH MATERIALS	75	205
WOVEN FABRICS; METHODS OF WEAVING; LOOMS	68	190
KNITTING	38	118
HANDLING THIN OR FILAMENTARY MATERIAL, e.g. SHEETS, WEBS, CABLES	38	97
DYEING OR PRINTING TEXTILES; DYEING LEATHER, FURS, OR SOLID MACROMOLECULAR SUBSTANCES IN ANY FORM	32	83
SPINNING OR TWISTING	32	71
....	....	
PLANT GROWTH REGULATORY ACTIVITY OF CHEMICAL COMPOUNDS OR PREPARATIONS	2	3
SCAFFOLDING; FORMS; SHUTTERING; BUILDING IMPLEMENTS OR OTHER BUILDING AIDS, OR THEIR USE; HANDLING BUILDING MATERIALS ON THE SITE; REPAIRING, BREAKING-UP OR OTHER WORK ON EXISTING BUILDINGS	2	2

Tableau 1 - Main R&D domains in textile patents during 2013

The patent notices can be seen and the text of the patent can be downloaded. Al; pants from the same domain of applications (selected from the IPC or by the analysis of the words present in the titles and the abstracts) can be grouped and analyzed. Groups of

---

[79] IPC International Patent Classification. This classification divides the applications and products in various domains. There are several domain from A to H and after according the number of digits associated (up ti eight) the precision of the classification increases

[80] Patents can be extended in various countries. Then the same invention can be protected with patents which have a different number. This is called a patent family. When there is only one patent not extended the family counts one member only.

patents can also be grouped by countries, companies, authors, and after analyzed by combination of all the data present in a patent notice.

In the same way, further analysis for instance in Chine patents of the Utility models (petty patents) can be done. This is really interesting since most of the time they are not extended to other countries and then they can be used freely but not in China.

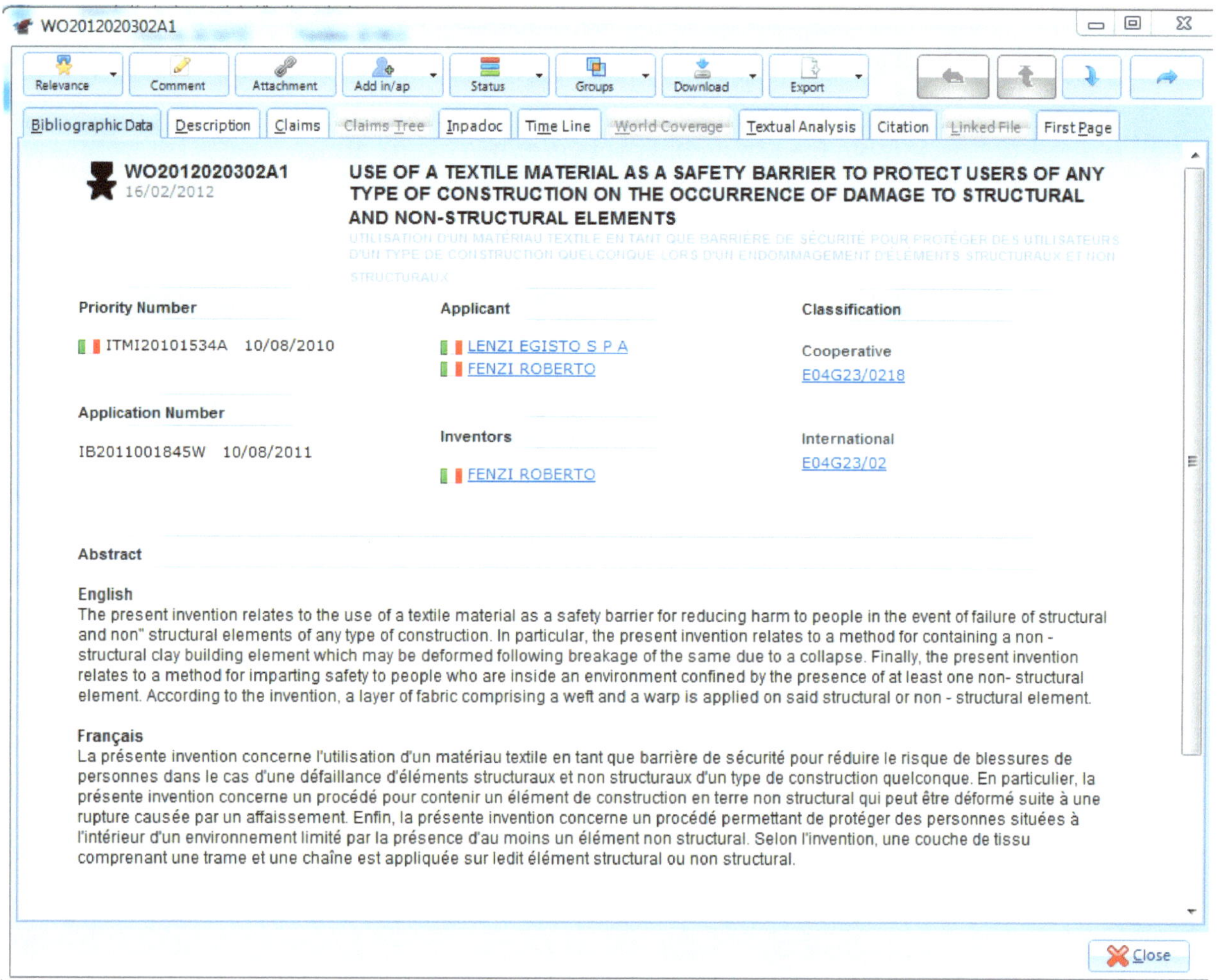

Figure 5 – Patent notice from the last row of the above table.

Main applicants in the group of WOVEN FABRICS; METHODS OF WEAVING; LOOMS

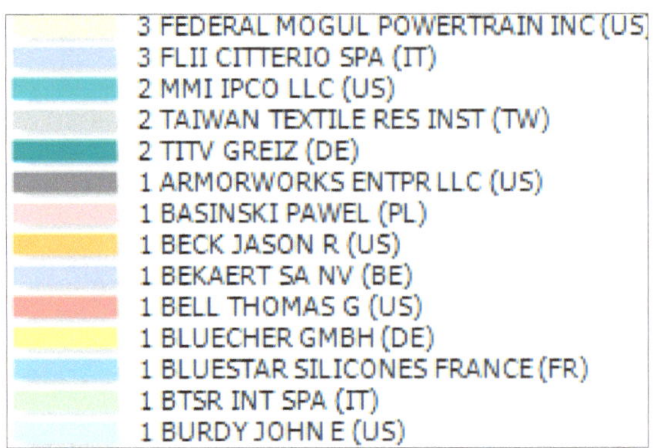

Table 6 – Main applicants group Woven Fabrics …

Possible innovative path from the above group

The network of the IPC is drawn and to see the most possible innovative paths only the low frequency network is selected. This is because innovation occurs most of the time at low frequency.

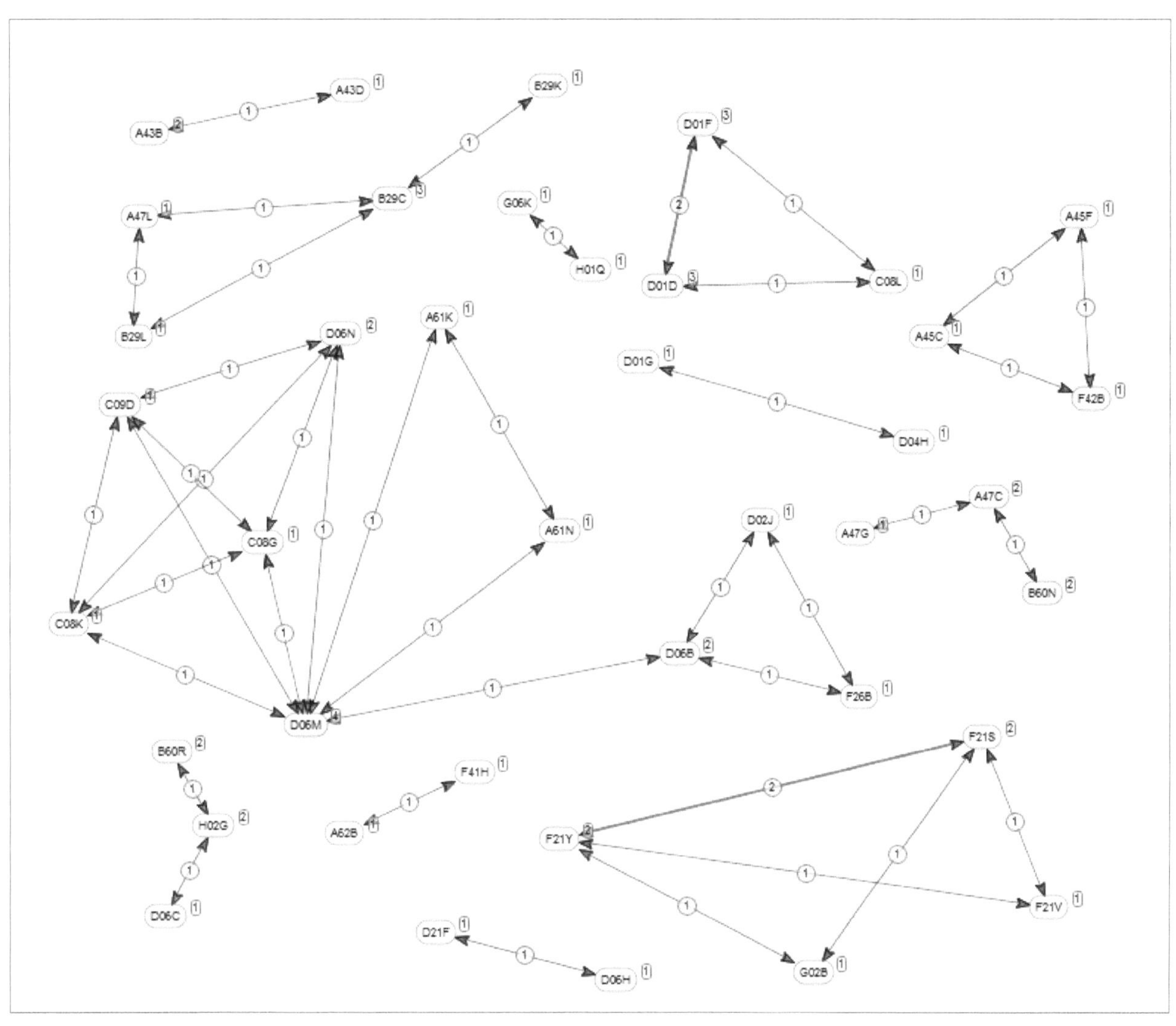

Figure 7 – Possible innovative network from the above group

Automatic benchmarking of the company of the above group

This partial view is done by drawing the matrix of IPC 4 digits with the applicants. This matrix allow to seen the companies which are present in many areas, of which develop application in area not shared by other applicants. The same benchmarking can be done with the authors, etc…

Matrices:IP Class (4 digits)/Applicant

	A01K	A41B	A41C	A41D	A43B	A43D	A47C	A47G	A61K	A61N	B23B	B29C	B29D	B29K	B32B	B60N	B65B	B66C	B82Y	C08K	C08L	C09K	D01D	D01F	D01G	D02G	D03D	D03J	D04B	D04C	D04H	D06B	D06C	D06M	D06N	D06P	E21S
ASTENJOHNSON INC (US)															1												1										
BASINSKI PAWEL (PL)															1												1										
BAUMELER ALFRED (CH)							1									1											1		1								
BECK JASON R (US)																											1										
BEKAERT SA NV (BE)												1		1													1		1								
BHATTACHARYA RABIN (NL)																											1										
BHATTACHARYA RABIN (US)																											1										1
BLUECHER GMBH (DE)				1	1										1												1										
BLUESTAR SILICONES FRANCE (FR)		1	1																	1	1						1							1			
BRAZIER PETER C (GB)															1												1										
BTSR INT SPA (IT)																											1										
BURDY JOHN E (US)																											1						1				
CITTERIO S P A FLLI (IT)															1												1	1									
COMMISSARIAT ENERGIE ATOMIQUE (FR)																											1										
CORNELISSEN HUGO JOHAN (NL)																											1										1
CRAIG STEPHEN M (US)															1												1										
DEFAUX PIERRE (FR)		1	1																	1	1						1							1			
DEUTMEYER CHRISTIAN (DE)																1											1										
DOLCE VITA SOLUTION LTD (TW)							1																				1										
DONGLI FIBER INSTUTITE CHINA CO LTD (--)																											1		1			1					
DYETEC RES ER (KR)																										1	1							1		1	
EMPA (CH)																											1										
ENGELKING SVENN (DE)							1	1							1												1										
ENOVA TEXTILE AND APPAREL LLC (US)																									1	1	1		1								
Empty Field (--)				1											1									1			4		1					1	1		
FEDERAL MOGUL POWERTRAIN INC (US)																											2						1				
FENKES HERBERT (DE)																											1		1		1						
FLII CITTERIO SPA (IT)															2												2										
GESSNER HOLDING AG (CH)							1									1											1		1								
GIM SEON HWI (KR)																											1						1				
HAENSEL VERBUNDTECHNIK GMBH (DE)							1	1							1												1										
HAMADER GERSON (DE)																1											1										
IDE MASARU (JP)																											1										
INST BARWNIKOW I PRODUKTOW ORG (PL)																											1										
INST TECHNICZNYCH WYROBOW WLOK (PL)																											1										
ITEX FABRICS LTD (GB)																											1										

Figure 8 – Automatic benchmarking (partial view) of the applicants from the above group

Family repartition by words (from title for instance):

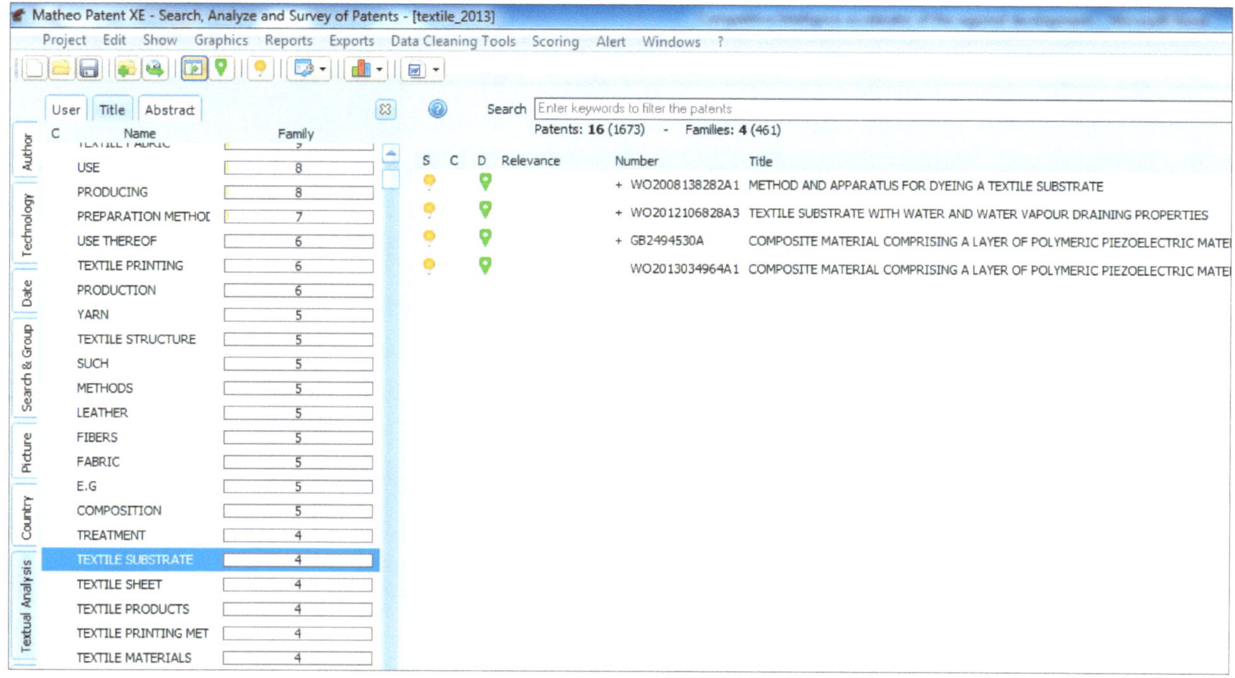

Figure 9 – show the partition of patents according the words present in their titles

These few examples which can be extended according the view of the users allow to understand what is going on in one field and feed the thoughts of various think tanks for instance to include the data in SWOT analysis, brain storming, etc. This information is also important to show to the stakeholder of a domain what is done in the world, the trends, and possibly the new applications which will be coming up.

The use of the patent information provide also the way to move from patent data (authors, applicants, or words from titles and abstracts) to the scientific information by using for instance all the information available (freely) in Google Scholar for instance.

Example

Conseil : Recherchez des résultats uniquement en **français**. Vous pouvez indiquer votre langue de recherche sur la page Paramètr

... **MATERIAL COMPRISING** A **LAYER** OF **POLYMERIC PIEZOELECTRIC MATERIAL MATCHED** WITH A **TEXTILE SUBSTRATE** AND **METHOD** FOR **MAKING SUCH** A ...

G PEZZINI - WO Patent 2,013,034,964, 2013 - patentscope.wipo.int

1. (WO2013034964) **COMPOSITE MATERIAL COMPRISING** A **LAYER** OF **POLYMERIC PIEZOELECTRIC MATERIAL MATCHED** WITH A **TEXTILE SUBSTRATE** AND **METHOD** FOR **MAKING SUCH** A **COMPOSITE MATERIAL**. Pub. ...

Citer Plus▾

Instrument for high throughput measurement of **material** physical properties and **method** of using same

D Hajduk, E Carlson, JC Freitag, O Kosolov - US Patent 6,664,067, 2003 - Google Patents

... I—i—i—I—J 1000 -1—IIII—III POLYIMIDE-COPOLYMER **COMPOSITE** -20 -15 ... array includes **materials** deposited at predefined regions on flexible or rigid **substrates**, or **materials** ... The **method** includes providing an array of **material comprising** at least five individual samples, and ...

Cité 19 fois Autres articles Les 2 versions Citer

Transducer backing **material**

RW King - US Patent 5,648,941, 1997 - Google Patents

... ie, soft) particles are difficult to prepare in very Electroacoustic transducers are generally **comprised of** an nne ... for use in the base 10 that are formed as be unsuitable as a backing **material**. a **composite** of a fiber structure and a matrix **material** for In a preferred embodiment of the ...

Cité 22 fois Autres articles Les 2 versions Citer

Instrument for high throughput measurement of **material** physical properties of a plurality of samples **[PDF]**

D Hajduk, E Carlson, JC Freitag, O Kosolov - US Patent 6,679,130, 2004 - Google Patents

... J. **Textile** Institute, pp ... Electronic **Materials**, vol ... WAVEFORM i POSITION DATA SOFTWARE V5,i FORCE DATA v6,i 7,1 DIRECTION OF TRIGGER SIGNAL 302 6030E VOLTAGE (DESIRED V, POSITION) 112 1_ 310 V3 VOLTAGE (REAL POSTION) **PIEZOELECTRIC** AMPLIFIER V ...

Cité 16 fois Autres articles Les 6 versions Citer

Instrument for high throughput measurement of **material** physical properties and **method** of using same

D Hajduk, E Carlson, JC Freitag, O Kolosov... - US Patent ..., 2005 - Google Patents

... High Throughput Mechanical Property Testing of **Materials** Libraries Using a **Piezoelectric**," (D. Hajduk ... 09/156,827 entitled "Formation of Combinatorial Arrays of **Materials** Using Solution-Based ... 09/567,598 entitled "Polymer Libraries on a **Substrate**, **Method** for Forming Polymer ...

Cité 3 fois Autres articles Les 4 versions Citer

High throughput mechanical property testing of **materials** libraries using a **piezoelectric**

DA Hajduk, ED Carlson, JC Freitag, O Kolosov... - US Patent ..., 2003 - Google Patents

Figure 10 – Consultation de Google Scholar

La diffusion des connaissances – Un enjeu stratégique

Henri Dou

Professeur des Universités – Directeur d'ATELIS

douhenri@yahoo.fr www.ciworldwide.org http://www.amazon.fr/Henri-Dou/e/B00AWD21WU

Résumé :

Depuis de nombreuses années, des voix s'élèvent pour mettre en garde la communauté scientifique sur les biais qui se développent au niveau de la diffusion des connaissances. Les différentes typologies des informations, le facteur temps qui rend certaines diffusion obsolètes, la profusion des indicateurs et l'avènement de « l'open source » sont autant de facteurs qui doivent être pris en compte si on veut comprendre et plus ou moins maîtriser les circuits de diffusion des connaissances scientifiques. Cette présentation n'a pas pour but l'exhaustivité, mais elle présente différents aspects de la diffusion scientifiques et aborde de manière critique les différents point qui facilitent ou freinent la mutation en cours dans ce domaine.

1 – Introduction

Le vecteur classique de diffusion des connaissances e été est reste encore la publication scientifique réalisée dans des journaux spécialisés. La publication de ces journaux est le fait d'éditeurs qui ont des politiques éditoriales. Celles-ci sont liées à leur lectorat, à la spécialité du journal, à la langue de publication et bien entendu au prix de celle-ci (ce n'est pas toujours la gratuité qui est de mise) et au coût de l'abonnement au journal ou du prix de vente d'une publication en « full text ». Cette politique éditoriale a conduit les principaux éditeurs ainsi que différentes bases de données (par exemple l'INIST[81] au

---

[81] Cat.inist, c'est l'accès à plus de 17 millions de références bibliographiques (depuis 1973) issues des collections du fonds documentaire de l'Inist-Cnrs et couvrant l'ensemble des champs de la recherche mondiale en science, technologie, médecine, sciences humaines et sociales. http://cat.inist.fr/

CNRS), à mettre à la disposition du public des bases de données (gratuites en ce qui concerne les éditeurs, pour les sommaires des publications de leurs journaux) et payantes en ce qui concerne les bases de données accessibles via différentes serveurs comme Dialog[82], STN[83], Questel Orbit[84], ... ou différents portails tels le CNKI[85] en Chine par exemple. Cette diffusion à partir de ces supports donne généralement accès au résumé des publications, mais l'accès au texte intégral de celles-ci est payant, entre 15 et 30 US$ en moyenne. Les bibliothèques, dans certains cas ont des abonnements aux journaux scientifique s ce qui permet d'accéder à l'ensemble de leurs publications, mais force est de constater la multiplication des d'une part et le coût sans cesse croissant des abonnements.

Les grandes bases de données, telles que Chemical Abstracts[86], Medline, Biosis, Inspec, Compendex .... Ont été créées pour fournir aux lecteurs potentiels un sommaire (plus ou moins indexé) de l'ensemble des travaux publiés dans un domaine. Par exemple une base données telle que Chemical Abstracts[87] est réalisée en sélectionnant un certains nombres de sources afférentes aux activités liées à la chimie (ceci est la couverture de la base), puis en mettant en place pour l'ensemble de ces sources, souvent en langues différentes, la traduction et l'indexation des publications parues dans celles-ci. L'indexation peut être plus ou moins poussée, depuis quelques mots clefs, jusqu'à la structure chimiques des molécules. Ces « abstracts » qui paraissaient sous forme d'édition papier, sont maintenant accessibles sous forme électronique via des serveurs qui à partir des données saisies par le producteur (par exemple Chemical Abstracts) traitent informatiquement celles-ci pour permettre leur interrogation en ligne.

Ce système de diffusion a conduit depuis les années 1970, à favoriser les publications de langue anglaise, à la fois parce que la majorité des éditeurs sont anglo-saxons mais aussi parce que l'anglais est devenu la langue véhiculaire scientifique. En outre les systèmes d'évaluation des chercheurs ont conduit les organismes de recherche à établir différents critères parmi lesquels le nombre et la qualité des publications tiennent une place

---

82 http://library.dialog.com/bluesheets/

83 http://www.cas.org/products/stn/dbss

84 http://www.questel.com/index.php/en/support/coverage

85 http://en.cnki.com.cn/

86 https://www.cas.org/

87 http://www.acs.org/content/acs/en/education/whatischemistry/landmarks/cas.html

prépondérante. A partir de ces données différentes manipulations bibliométriques permettent de créer des index qui sont utilisés dans l'évaluation. Cette pratique, souvent dévoyée (Gingras, la fièvre de l'évaluation de la recherche[88]) a aussi conduit à déterminer l'impact d'un journal. Cet impact est représentatif de l'espérance de citation par d'autres auteurs d'un travail publié dans un journal donné. Ceci introduit trois biais très importants qui ne sont souvent pas pris en compte par les évaluateurs : le nombre des chercheures présents dans la discipline (ce qui conduit potentiellement à plus de citations), le système de citations par « copinage » souvent réalisé par groupe de 4 auteurs qui ce citent mutuellement (les citations via deux auteurs ou trois auteurs étant plus facilement détectables), certains journaux pourtant excessivement utiles s'adressent à des publics qui ne produisent pas ou très peu d'articles scientifiques et donc très peu de citations de ce journal.

Ce système de diffusion a ainsi conduit à mettre en avant dans de multiples disciplines quelques journaux qui sont considérés sur le plan international comme le nec plus ultra de la diffusion. Les articles sont sélectionnés avec soin et leur qualité est indubitable. Mais qu'advient-il du reste ? En effet ces journaux de très haute qualité sont très peu nombreux, et seuls un nombre restreint de scientifiques y ont accès. Or, la science et ses avancées reposent sur une pyramide où chaque chercheur apporte sa contribution.

Un autre point est aussi à prendre en considération : quand un chercheur publie un travail dans un journal, il cède tous les droits de diffusion de son travail à l'éditeur du journal et ne garde que la paternité intellectuelle de l'œuvre. Si on considère que bien des journaux ne sont pas gratuits, on a donc un paradoxe : le chercheurs va payer pour la diffusion de son travail (soit directement soit via l'achat de reprints) et en même temps il sera dessaisi des droits de diffusion de sa production scientifique.

2 6 Facteur temps et typologies de l'information – La bibliométrie

Il est intéressant d'examiner la séquence des actions qui conduisent à l'idée, sa réalisation et sa diffusion. La figure suivante met en évidence les principales étapes de cette chaîne.

---

[88] Accè au texte intégral
http://www.cirst.uqam.ca/Portals/0/docs/note_rech/2008_05.pdf

2.1 Le facteur temps

On constate ainsi que dans la majeure partie des cas le temps entre l'idée et la publication des travaux auxquels elle a donné naissance est d'environ deux ans. Ceci a une implication stratégique importante>. En effet, ce qui est important est certes de savoir que telle institution, tel chercheur, travaillent dans un domaine intéressant pour nous, mais ce qui est plus important encore c'est de savoir qui est réalisé maintenant, et pas ce qui a été réalisé deux ans auparavant. Cette « nécessité » qui est à prendre en compte entre autre au niveau de l'Intelligence Compétitive et de la recherche d'informations stratégiques a conduit à de multiples activités : « shorts communications » publiées rapidement, colloques et symposium, réunions informelles, « think tanks », stagiaires « envoyés » dans certains laboratoires, etc.

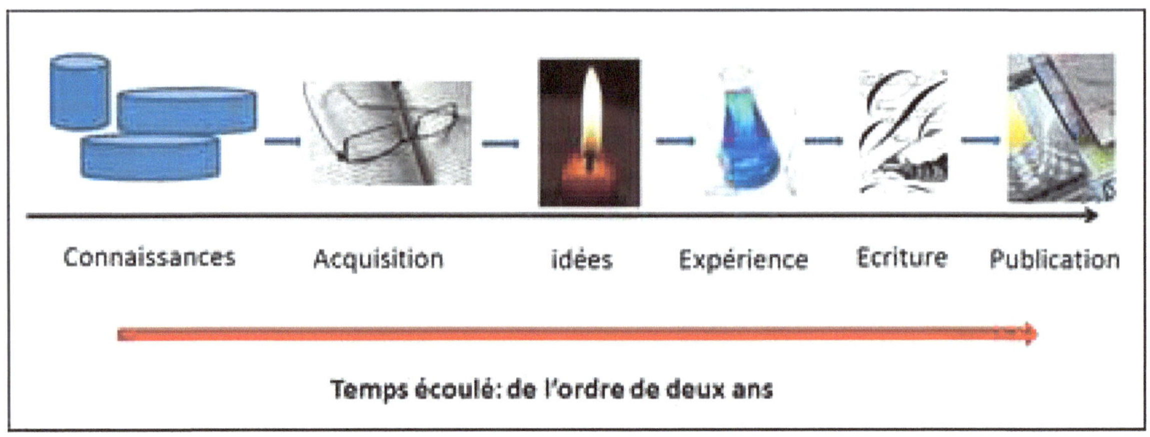

Figure 1 – La diffusion des informations

2.2 Les typologies de l'information

Cette importance du facteur temps, a une influence sur la typologie des informations. On va ainsi distinguer les sources d'informations formelles ou « secondary source information » et les informations informelles ou « primary source information » souvent qualifiées aussi d'information humaine. La figure suivante précise cette distinction.

On considère aussi que les informations formelles sont des informations publiées et validées (telles que les publications scientifiques, les thèses, des livres (encore que ces derniers ne sont pas nécessairement validés par des examinateurs), des rapports souvent issus d'institutions scientifiques ou demandés à des groupes d'experts par des

Etats (rapports Palmisano, Beffa per exemple). Par contre les informations informelles doivent être validées en tant qu'information mais aussi en fonction de leur source d'émission. Ces informations informelles, souvent obtenues à partir de réseaux humains ont une importance particulière car elles se situent au plus près de l'action. Ce sont celles, qui lorsqu'elles sont validées « raccourcissent le facteur temps ».

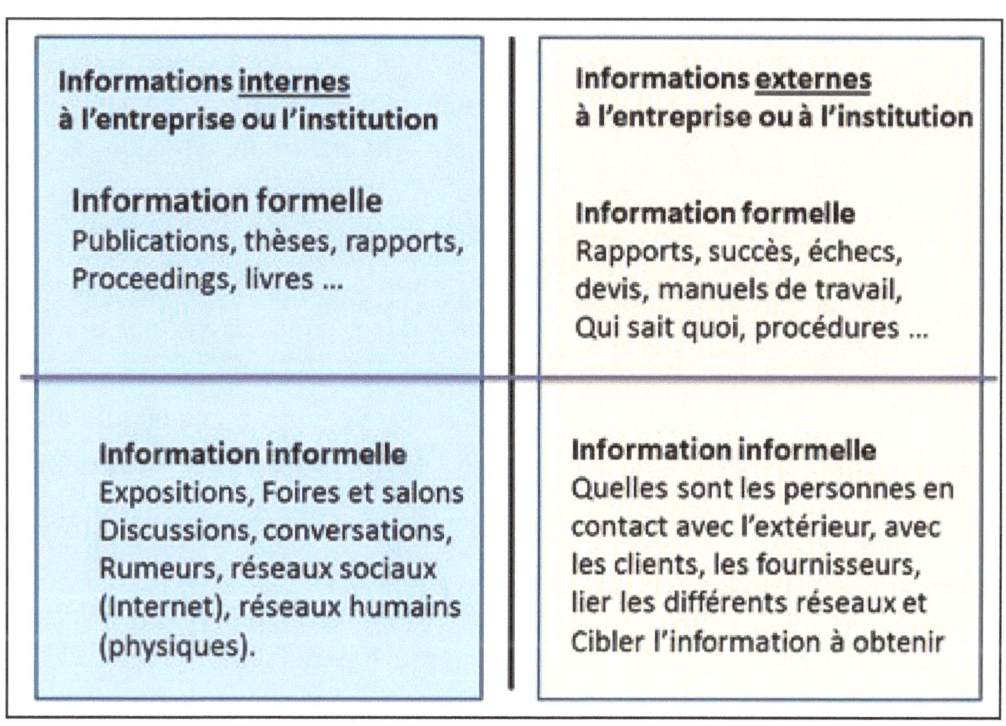

Figure 2 – Les principales typologies de l'information

2.3 Les traitement bibliométriques

Les traitements bibliométriques ou statistiques, qui sont dans la majeure partie des cas réalisés sur des informations formelles conduisent à identifier des pistes des « cibles » en tant que sujets de recherche, individus, institutions qui sont autant de centres d'intérêt. Mais, il faudra alors dans la mesure du possible identifier (entre autre via l'information informelle) ce qui est fait actuellement au niveau de ces cibles. Il faut aussi souligner, que « le matériel de départ » (références bibliographiques plus ou moins indexées et formatées) est cher. En effet peu de bases de données (sauf les bases internes à une institution) sont gratuites (on citera ici les plus importantes : la base de données Medline accessible via le serveur Pubmed[89], et les bases de données brevets entre autre les bases US (USPTO[90]), la base Mondiale (EPO[91]) , les brevets chinois (SIPO) ainsi que d'autres bases de données nationales. Cette remarque à propos des traitements bibliométriques, n'enlèvent rien à leur intérêt[92], bien au contraire, car la multiplicité des sources et des acteurs, la nécessité d'une vision pluridisciplinaire de la recherche ne permettent plus une lecture exhaustive de l'information. Il faut donc mettre en place des systèmes qui permettent aux utilisateurs d'avoir une vision « panoramique » d'un sujet et ensuite de sélectionner ce qui doit réellement être lu, ou ce qui doit faire l'objet de recherches approfondies. En outre, dans certains cas comme dans celui des brevets les notions de propriété, du maintien de celle-ci, etc. vont compliquer l'analyse. Le propos de ce travail n'est pas d'approfondir les aspects bibliométriques, mais de situer ces derniers dans la mouvance générale de la diffusion des connaissances et de son impact stratégique. Il faut aussi noter que dans les PMEs on doit, avant une recherche d'information suivie de leur recueil, passer par une phase de discussion sur les orientations stratégique de l'entreprise, en sériant (si ce n'est déjà fait) les domaines qui doivent faire l'objet du futur développement, ou ceux qui doivent être confortés car ce sont ces derniers qui donnent à l'entreprise un avantage compétitif qui doit être conforté ou maintenu.

3 – Un système en mutation

Tel que nous venons de le décrire, ce système perdure depuis les années 1950. Mais, si dans les années passées le bouleversement majeur a été l'accès aux bases de données via des réseaux rapides comme Transpac[93] en France, cette situation évolue de plus en

---

89 http://www.ncbi.nlm.nih.gov/pubmed/advanced

90 http://www.uspto.gov/patents/process/search/

91 http://www.epo.org/searching/free/espacenet.html

92 Dou Henri, Léveillé Valérie, Manullang Sri, Dou Jean-Marie r, Patent Analysis for Competitive Technical Intelligence and Innovative Thinking, Data Science Journal (DSJ), Vol. 4 (2005) pp.209-236
Dou Henri , Benchmarking R&D and companies through patent analysis using free databases and special software: a tool to improve innovative thinking, World Patent Information, Volume 26, Issue 4 , December 2004, Pages 297-309
Dou-Gorain Carine, (2013) A study of the "silver age" technologies", International Journal of Advanced Technologies & Emerging research, vol3, issue 1, Sept. , pp. 45-55

93 http://fr.wikipedia.org/wiki/Transpac

plus rapidement avec le développement des technologies de l'information et de la communication. En effet, l'apparition de l'Internet a permis un accès plus simples aux bases de données, en favorisant le développement d'interfaces d'interrogation simples permettant à des « non-experts » de travailler avec ces bases. Mais cependant si l'accès a été rendu plus simple, il n'a pas eu d'influence sur les coûts. Cette situation, avec un développement de plus en plus simple des sites web, permet de diffuser des informations rapidement, que ce soit des textes, des images des sons des vidéos. En plus, l'édition électronique permet la création de livres à un coût faible sans passer par les éditeurs classiques. Par exemple le format Kindle d'Amazon[94], peut être utilisé par des particuliers pour éditer gratuitement leurs œuvres. La lecture sera effectuée via des tablettes, les coûts d'accès à ces livres électroniques restant faible (de l'ordre de 10 Euros ou même souvent moins. Si on se souvient qu'un auteur perd les droits de diffusion lorsqu'il publie ses travaux via un éditeur classique, on voit que l'impact des technologies nouvelles devrait à terme modifier profondément les mécanismes de diffusion.

Différents autres aspects doivent aussi être considérés, les coûts de publication et d'accès aux informations, la barrière de la langue de publication, la notoriété d'un chercheur.

3.1 Les coûts et l'accès aux informations

Actuellement, le coût des abonnements aux journaux scientifiques et la multiplication de ces derniers constituent une barrière à la diffusion des connaissances dans les pays en développement et même dans certains pays développés (à cause de la diminution des crédits de recherche par exemple). L'accès aux travaux publiés (si on n'a pas accès aux journaux) est possible, mais les coûts sont de l'ordre de plusieurs dizaines de dollars US et constituent une barrière quasi infranchissable pour certains (par exemple le téléchargement d'une référence de la base de données Inspec (Physique) revient via le serveur Dialog entre à 4,75 US$ par référence plus 3,13 US$ par minute plus 15 US$ par dialunit[95] (les dialunits sont calculées en fonction des ressources informatiques du serveur utilisées durant la recherche. Cette notion d'accès aux informations a fortement ~~contribué au développement~~ de « l'Open Source ». Cela veut dire la publication dans des

[94] http://fr.wikipedia.org/wiki/Amazon_Kindle
[95] http://library.dialog.com/bluesheets/html/bl0002.html

journaux qui mettent à la disposition du public et ceci gratuitement le texte intégral des travaux publiés. Ces différents journaux sont répertoriés dans le DOAJ (Directory of Open Source Acess Journals)[96], qui est une sorte de catalogue comprenant de l'ordre de 8.000 titres. On peut citer à titre d'exemple DSJ[97] (Data Science Journal) de la société savante CODATA, ou ISDM[98] (Information Science for Decision Making). Mais si cette évolution est conforme avec les nouvelles pratiques, elle a néanmoins des limites que nous allons examiner avec entre autre l'impact des « éditeurs prédateurs. ».

Depuis environ 4 ans on assiste au développement d'un très grand nombre de journaux scientifiques qui sont pour la majorité diffusés en ligne et indexés dans divers bases de données. Ces journaux qui ont souvent des titres alléchants qui souvent sont trompeurs en tant que pays de l'éditeur sont payants. Le coût de la publication étant de l'ordre de 100 à 400 US dollars. Le problème qui se pose est un problème économique : une très grande partie de ces journaux a comme objectif un gain financier En effet localisés dans la majeure partie des cas dans des pays au coût de main d'œuvre faible, ils vont constituer une source de revenu pour les éditeurs. Cette recherche du profit conduit alors à publier des travaux qui sont soit des plagiats, soit sans intérêt, au pire fantaisistes. Récemment une publication totalement fausse a été envoyée à plus de 300 journaux. Plus de la moitié ont accepté celle-ci sans ou avec des modifications mineures. Il est à noter que parmi les journaux qui ont accepté le travail un bon nombre figuraient dans le DOAJ. Ceci a donné lieu à la parution d'une liste « d'éditeurs prédateurs » d'une part et aussi à un site plus ou moins officiel validant par des critères divers la qualité de ces journaux.

---

96 http://www.doaj.org/doaj?uiLanguage=fr

97 http://www.codata.org/dsj/

98 http://isdm.univ-tln.fr/isdm.html

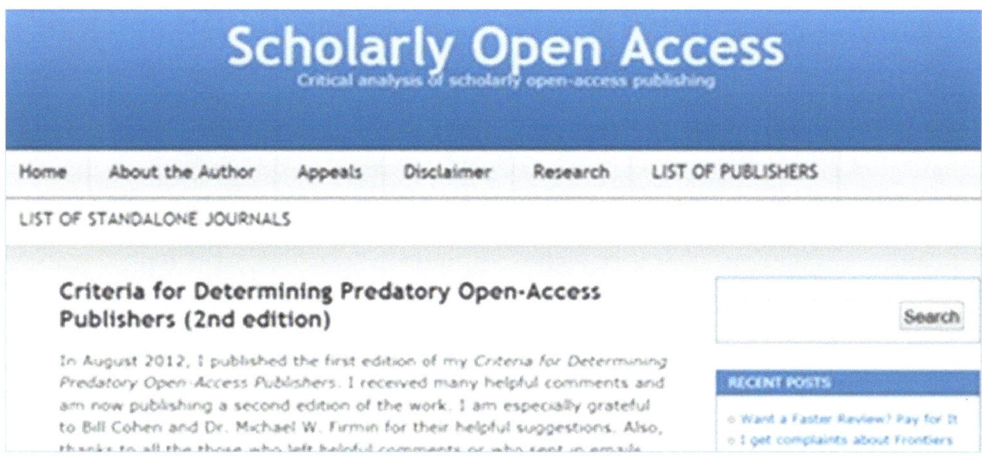

Figure 3 – Détermination des critères éthiques[99]

Cette situation est relativement inquiétante car elle décrédibilise cet ensemble d'éditeur, qui pourtant rendent accessible à un plus grand nombre l'accès à des organes de publication. En effet le nombre croissant des chercheurs, de la production scientifique mais aussi de la course aux publications (dans certains pays on demande aux chercheurs ou aux enseignants chercheurs de publier un travail tous chaque année ou tous les deux ans par exemple) conduit à un blocage si on considère uniquement les revues dites de qualité et en langue anglo-saxonne. Ce blocage étant due au fait que les coûts d'édition sont trop élevés ce qui conduit à une limite du nombre d'articles publiés. C'est dans cette « brèches » que ce sont engouffré un certain nombre d'éditeurs, le problème étant alors de faire le tri entre les bons et les mauvais. Ceci pose aussi le problème des examinateurs (referees) des travaux. En effet dans la majeure partie des cas, ces derniers le font gratuitement (cela est important dans certains curriculum) et donc ne peuvent pas passer un temps suffisant à l'examen des travaux qui leur sont proposés. Il est vrai que cela leur donne aussi en contrepartie la primeur des résultats avant publication. On voit ici les limites de l'exercice et les biais qui peuvent en découler lorsqu'il a compétition entre plusieurs équipes de recherche (cf Montagnier[100]).

---

[99] http://scholarlyoa.com/

[100] http://www.masterenseignementsvtnice.com/documents/Dcouverte-du-SIDA.pdf

3.2 La barrière de la langue

Il est incontestable que cette barrière est importante et ceci à deux niveaux celui de la traduction an langue anglaise, celui de la prise en compte d'un journal en langue différente de l'anglais pour son indexation.

La traduction en anglais ou la maîtrise de la langue anglaise est un frein important à la publication dans certains journaux. En effet on demande souvent un certificat de traduction avant publication et examen du travail. Cela conduit ainsi à une forme de « double peine » pour ceux qui ne peuvent pas ou qui n'ont pas les moyens financiers de publier en langue anglaise. Cela ouvre aussi la voie à des co-auteurs de complaisance, un anglophone présent comme auteur qui assurera une relecture sans participation réelle aux travaux, facilitera grandement la publication.

Cette tendance qui conduit à utiliser l'anglais comme base de diffusion, va conduire à la non prise en compte de travaux publiés dans des revues régionales, où les travaux sont publiés dans la langue du pays. En effet deux aspects sont à prendre en compote : l'indexation et la traduction du travail ont un coût qui ne sera pas négligeable pour le producteur d'une base de données et d'autre part, ces journaux locaux n'auront jamais un indice de citation important et donc, même s'ils sont de qualité resteront partiellement ignorés. Par contre, pour ceux qui savent les utiliser, ils constituent souvent une source d'idées intéressante qui peuvent être exploitées dans d'autres travaux (avec ou sans citation, ce qui dépend de l'éthique du futur auteur). Par exemple on peut citer le portail du CNKI (Chine) qui donne accès à une multitude de travaux locaux. On peut aussi noter, que l'effort très important réalisé par la Chine dans le domaine de la diffusion scientifique dans des organes en chinois va jouer de manière inverse en érigeant une barrière linguistique en notre défaveur (en tant que non utilisateur du chinois).

Figure 4 – Le portail du CNKI

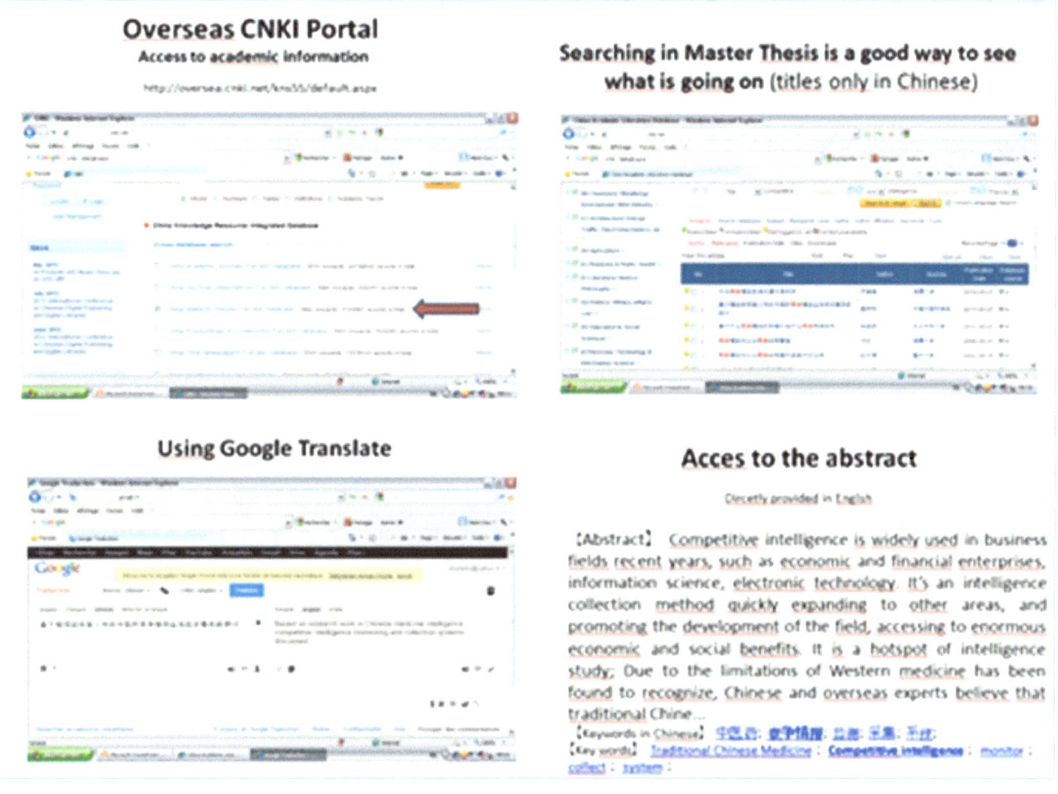

Figure 5 – Recherche sur le portail du CNKI (Thèses Master)

3.3 La notoriété du chercheur

Un chercheur s'il veut réaliser une carrière honorable se doit d'être connu. Une des meilleures manières d'atteindre cet objectif, du moins au départ est d'assurer la rediffusion de ses travaux. En effet, du fait des barrières précédentes, du manque de pluridisciplinarité, un travail publié n'est pas souvent très lu. Pour augmenter le taux de lecture, et donc d'espérance de citation de ce travail, un des meilleurs moyen est d'assurer une fois publié sa rediffusion. Celle-ci doit s'effectuer vers les cibles les plus intéressantes qui peuvent être déterminées par des analyses bibliométriques ou par la consultation de l'Internet (via Google Scholar[101] par exemple). Comment assurer le format de cette diffusion ? On peut diffuser la référence bibliographique en prenant soin de la faire avec différent s formats pour faciliter son intégration dans différentes types de revues (en effet le format des références n'est pas unique). On peut aussi faciliter son intégration dans un système de type Zotero par exemple[102]. Mais, la meilleure diffusion est celle de son texte intégral. On se heurte alors selon la revue dans laquelle on a publié au fait que le copyright que l'on a signé et qui donne exclusivement le droit de diffusion à l'éditeur, interdit la diffusion du texte intégral, même dans certains cas du résumé (on demande souvent de faire référence à l'adresse Internet du résumé sur le site de l'éditeur, pour inciter à la commande payante du texte intégral du travail publié.

L'objectif du chercheur étant souvent un objectif de notoriété, on voit comment on imagine toutes les possibilités offertes par l'évolution de l'Internet, des sites personnels, des blogs, des réseaux sociaux. Ceci introduit une mutation qui va aller crescendo dans le domaine de la diffusion scientifique.

4 - Des exemples récents de cette nouvelle évolution

Si dans certain communautés scientifiques comme les mathématiques, la physique théorique, un mécanisme de « preprint[103] » existe depuis de nombreuses années. Il était surtout le fait que dans une communauté restreinte souvent sans implication économique à court terme, des pratiques de travail coopératif étaient communément

---

[101] http://scholar.google.be/schhp?hl=fr

[102] http://www.zotero.org/

[103] Le preprint est le brouillon d'un article scientifique qui n'a pas encore été publié dans un journal avec referee http://en.wikipedia.org/wiki/Preprint

admises et constituaient un élément de progrès. Il n'en va pas de même actuellement dans les domaines où l'enjeu économique devient de plus en plus important. La constitution de partenariats public privés, la recherche de financements extra-nationaux (par exemple européens), le développement de systèmes « hégémoniques » (ou universels selon sa vision des choses) de diffusion de l'information, la recherche du meilleur classement mondial pour certaines instituions (par exemple le classement dit de Shanghai) conduisent à une compétition où la diffusion de l'information joue un rôle important.

4.1 La recherche de partenariats publics privés

Actuellement le développement régional, souvent plus créateur d'emplois que les grandes multinationales, est favorisé par le développement de « clusters[104] » (en France les pôles de Compétitivités[105], les PRIDES[106], etc.). Pour arriver à cet objectif, il existe une étape clef, celle de la prè-clustérisation. Différents travaux ont décrit le processus et ont mis en évidence le rôle fondamental de la diffusion des connaissances dans ce domaine. Le rôle des brevets, comme source d'information privilégiée a été souligné et nous allons montrer son importance dans l'exemple suivant. Le brevet est une source d'information unique qui est très peu exploitée par les institutions de recherche académiques. Il est rare de voir dans les publications scientifiques des citations de notices de brevet. Pourtant ce qui est publié dans un brevet l'est rarement ailleurs d'une part, et d'autre part l'examen des brevets passe par différentes phases qui garantissent la nouveauté de ce qui est décrit et qui va être protégé. Dans la pré-clustérisation, qui met en jeu le mécanisme classique de la triple hélice c'est l'interaction entre la puissance publique, l'industrie et la recherche qui va favoriser l'innovation. Pour ce faire l'utilisation d'un

---

[104] En économie, un cluster est un regroupement, généralement sur un bassin d'emploi, d'entreprises du même secteur, ce qui est source d'externalités positives, dites de réseau http://fr.wikipedia.org/wiki/Cluster

[105] Un pôle de compétitivité est une région, généralement urbanisée, où s'accumulent des savoir-faire dans un domaine technique, qui peuvent procurer un avantage compétitif au niveau planétaire une fois atteinte une masse critique. La prospérité ainsi apportée tend à se propager aux autres activités locales, notamment de service et de sous-traitance http://fr.wikipedia.org/wiki/P%C3%B4le_de_comp%C3%A9titivit%C3%A9

[106] Pôles Régionaux d'Innovation et de Développement Economique Solidaire http://www.regionpaca.fr/index.php?id=3115

langage pouvant être compris à la fois par des universitaires et chercheurs et par des industriels est fondamental. La publication scientifique est souvent enfermée dans un vocabulaire hermétique qui doit être décodé, entre autres pour les petites et moyennes industries. L'avantage du brevet est qu'il permet de créer un pont entre ces deux parties. Il permet aux scientifiques de « voir » ce qui peut ou est fait avec leurs compétences et d'autre part il permet aux industriels de « voir » tout l'intérêt qu'ils peuvent trouver dans cet environnement. Ceci est réalisé via l'Analyse Automatique des Brevets ou APA (Automatic Patent Analysis)[107] L'exemple qui est présenté ici concerne le développement d'une filière de produits naturels en Corse. Pour mettre en évidence tout l'intérêt qu'il y aurait dans une telle démarche, le romarin est pris comme exemple. Diverses recherches sont effectuées mettant en évidence les différents aspects de l'utilisation de cette plante et de ces extraits. On constate ainsi qu'elle peut être utilisée en para pharmacie, en cosmétique en agro-alimentaire, etc. Ceci permet de créer un lien entre différents partenaires potentiels en mettant face à face compétences et utilisations. Quelque uns des résultats obtenus sont présentés dans les tables 1 et 2. (Nombre total de brevets, répartis en WO mondiaux, EP européens, US =USA, JP=Japon, CN=Chine, KR=Corée du Sud). Le texte

Properties	**Total Nb**	**WO**	**EP**	**US**	**JP**	**CN**	**KR**
Antioxidant	118	21	EP	21	52	51	8
Bacteri*	98	6	0	6	13	33	26
Vitamin*	94	19	1	23	5	29	14
Inflammatory and anti	56	12	1	15	12	1	4
Pain	34	1	1	6	1	15	3
Muscle*	21	2	0	2	0	10	1
Memory	14	1	0	0	0	11	3
Immune	14	3	0	2	3	4	1
Digestion	11	0	0	0	0	7	2
Dermatol*	9	1	3	1	0	0	0
Sex*	8	1	0	2	0	3	0
Tumor* anti	7	1	0	3	0	2	0
Brain	6	0	1	0	2	2	2
Neurol*	2	1	0	1	0	0	0
Circulatory	2	0	0	1	0	0	0

Table 1 – Exemples de résultats obtenus avec l'analyse brevets « romarin » (propriétés médicales)

[107] http://www.matheo-software.com

Applications	Total Nb	WO	EP	US	JP	CN	KR
Food culinary							
Food Feed	184	24	4	22	42	40	20
Flavor*	97	6	1	16	14	24	33
Cooking	31	4	0	1	5	10	7
Taste	79	2	0	2	10	19	36
Wine	35	2	0	3	3	9	11
liquor	30	0	0	1	1	16	7
Beauty products Life style well being							
skin	229	21	2	21	52	51	61
Cosmetic*	148	17	5	13	42	9	
Hair	92	12	2	12	17	13	24
Aging ageing	67	3	0	7	11	17	25
Cream*	61	7	0	4	3	10	16
Perfume	51	6	3	1	7	9	21
Fragrance	49	4	2	7	2	23	16
Shampoo	32	4	0	3	2	7	12
lotion	28	2	1	0	5	2	13
Soap	23	3	0	2	3	2	12
beauty	20	2	0	0	2	7	9
Tonic	14	2	0	0	0	0	1
Conservation							
Conservation preservation	23	6	1	3	6	4	1

Table 2 – Autres exemple de résultats obtenus avec l'analyse brevets « romarin » (Applications)

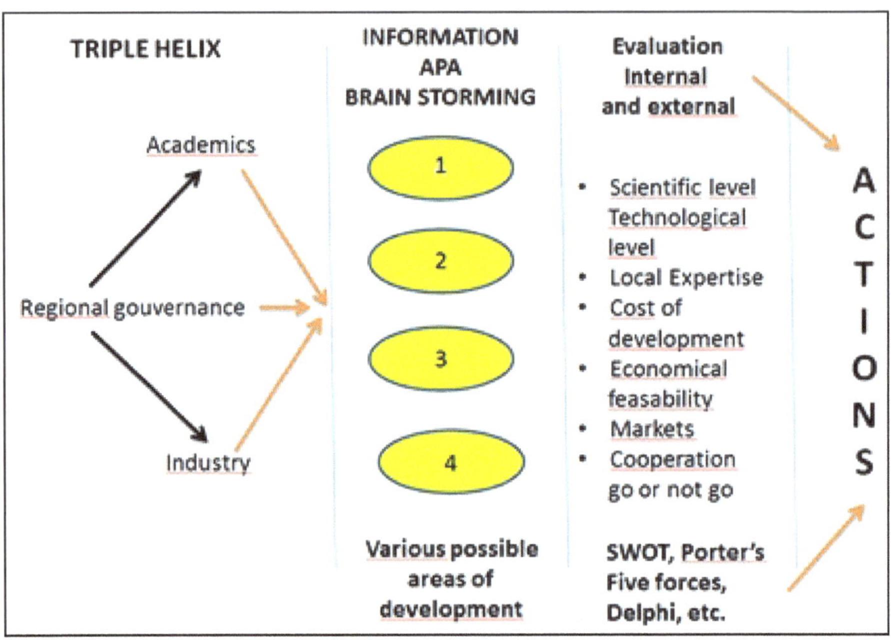

Figure 6 – Assistance à la prè-clustérisation via l'APA

4.2 Le développement de systèmes planétaires gratuits d'information

L'exemple que nous citons ici est celui de Google et plus particulièrement de Google Scholar. En effet depuis 2004 Google Scholar indexe un grand ensemble de travaux scientifiques mondiaux ainsi que les brevets US (en effet ces brevets sont indexés en texte intégral dans la base Google Patent). On peut ainsi rechercher en mode expert (donc de manière relativement sophistiquée) les travaux scientifiques publiés dans un domaine. Il est à noter que si le travail est disponible en texte intégral, ceci est indiqué dans la base. Notons que l'accès à Google Scholar ainsi qu'au texte intégral s'il est disponible est gratuit. Il en va de même pour les brevets. La mise en parallèle de travaux scientifiques et de brevets, issus d'une même recherche documentaire est intéressante, car cela crée un pont entre recherche académique et développement industriel. Google Scholar permet aussi d'accéder à des travaux cités. La politique d'indexation suivie par Google Scholar est la suivante: Google indexe le texte intégral ou les résumés de la majorité des éditeurs académiques avec comité de lecture en indiquant un lien vers les services payant ou gratuit. Google Scholar a aussi développé des index variés, entre autre des profils liés à l'activité (d'apparition dans Google Scholar) des chercheurs. Dans la figure suivante nous mettons en évidence le résultat obtenu en prenant comme base de départ le nom de l'auteur de ce travail ceci pour éviter toute polémique quant au choix de l'exemple.

	All	Since 2008
Citations	1156	290
h-index	16	7
i10-index	33	7

Figure 7 - Type d'index fourni par Google Scholar

De même, à partir des informations fournies par Google Scholar, des organismes ont développés divers traitements, comme par exemple la Société Harzing[108] avec le système PoP (Publish or Perish). L'exemple suivant met en évidence l'analyse des travaux publiés par l'auteur de ce travail (ce qui évite toutes polémiques qui pourraient naître à partir d'exemples différents). On a ainsi directement les travaux, le niveau de citation dans Google Scholar, les principaux co-auteurs, etc. Ce traitement qui est gratuit souligne le développement à côté du monde académique classique et de la diffusion de sa production de connaissance une alternative différente.

---

108 http://www.harzing.com/pop.htm

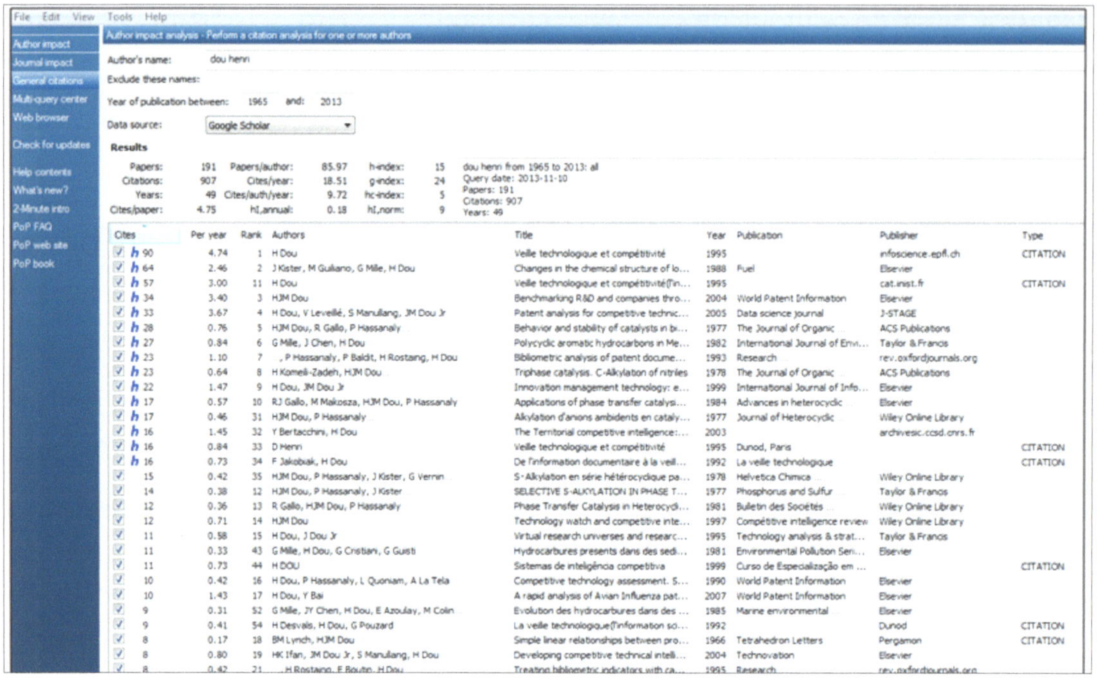

Figure 8 – Profil d'un auteur obtenu par analyse des travaux présents dans Google Scholar

5 – La transparence

Que ce soit à partir de systèmes payants, ou en utilisant d'autres alternatives, il est de plus en plus évident que les compétences passées et présentes des acteurs de la recherche sont faciles à obtenir. Cela pose alors e problème de la transparence des systèmes d'évaluation entre autre au niveau des experts mais aussi celai de l'intégration des résultats de la recherche dans le système économique de la Nation.

5.1 Les experts

Cette situation pose différents problèmes : la multiplicité des sujets de recherche va multiplier le nombre d'experts nécessaire pour l'évaluation. Mais comme cela a une limite cette situation va renforcer l'utilisation d'indicateurs qui mettront en quelque sorte les experts « à l'abri ». Cela peut paraître simple, mais les indicateurs pouvant être manipulés ou créés en fonction d'objectif précis, on voit à nouveau les limites de l'exercice. Pourtant il serait relativement simple de donner une transparence plus grande à ce système d'évaluation. Nous allons citer ici comme exemple la base de données Lattes[109] (du nom d'un scientifique Brésilien), qui a été développée au Brésil. Cette base de données répertorie l'ensemble des chercheurs brésiliens et étrangers (qui ont collaboré à des recherches conjointes ou qui ont bénéficié de crédits provenant du Gouvernement du Brésil). Cette base de données, publique, comprend plus d'un million de signalement. La recherche peut être effectuée via divers critères, domaines, diplômes, direction de recherche, publications, collaborations,... La base est maintenue soit par les chercheurs, soit par leur institution. Pour bénéficier de crédits de recherche il ; faut être présent dans la base. On a ainsi à disposition un outil qui permet lorsque des experts sont nommés de situer leurs domaines de compétence. Ceci contribue à créer une transparence un certain consensus. En outre, une telle plate-forme couplée avec les compétences technologiques ou de recherche des entreprises (entre autre les PMEs) permet la création de partenariats, l'innovation par la pluridisciplinarité, etc. Il est à noter que le CNPq[110] (équivalent brésilien du CNRS) offre le logiciel gratuitement aux pays et institutions qui voudraient le mettre en place.

Les figures suivantes mettent en évidence les résultats obtenus lors d'une recherche effectuée sur la base Lattes.

Figure 9 – Les différentes possibilités (colonne de droite) offertes par la base de données Lattes

109 http://lattes.cnpq.br/

110 http://www.cnpq.br/

Une telle base de données est révélatrice d'un comportement différent de celui des institutions françaises. Par exemple la base des chercheurs du CNRS (Labintel[111]) n'est pas accessible publiquement et les informations contenues dans celle-ci ne sont pas du niveau de celles obtenus via la base de données Lattes. En outre, il n'est pas possible d'avoir des informations exhaustives sur les enseignants chercheurs. Certaines universités ont créé des répertoires, d'autres ont simplement des pages actualisées par les chercheurs, mais ceci est laissé à leur initiative personnelle. De ce fait, la transparence qui est souhaitable d'une part et d'autre part la possibilité de trouver des spécialistes sans passer par des circuits plus ou moins avouables n'est pas possible, ce qui nuit à l'efficacité et crée souvent un climat peu propice aux initiatives et au développement.

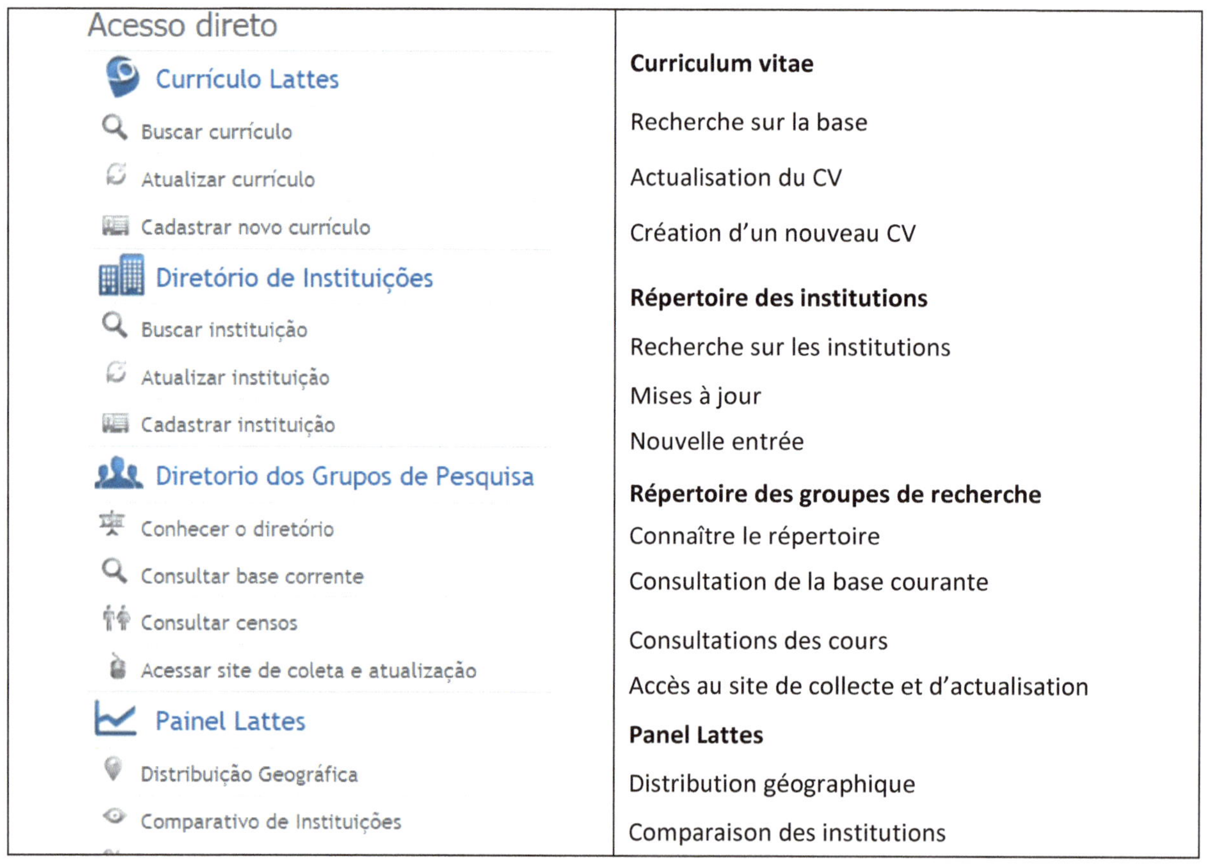

Acesso direto	
Currículo Lattes	**Curriculum vitae**
Buscar currículo	Recherche sur la base
Atualizar currículo	Actualisation du CV
Cadastrar novo currículo	Création d'un nouveau CV
Diretório de Instituições	**Répertoire des institutions**
Buscar instituição	Recherche sur les institutions
Atualizar instituição	Mises à jour
Cadastrar instituição	Nouvelle entrée
Diretorio dos Grupos de Pesquisa	**Répertoire des groupes de recherche**
Conhecer o diretório	Connaître le répertoire
Consultar base corrente	Consultation de la base courante
Consultar censos	Consultations des cours
Acessar site de coleta e atualização	Accès au site de collecte et d'actualisation
Painel Lattes	**Panel Lattes**
Distribuição Geográfica	Distribution géographique
Comparativo de Instituições	Comparaison des institutions

Figure 10 – Détail des possibilités offertes par la base Lattes

111 https://web-ast.dsi.cnrs.fr/lc/

Figure 11 – Exemple de recherche Curriculum Vitae

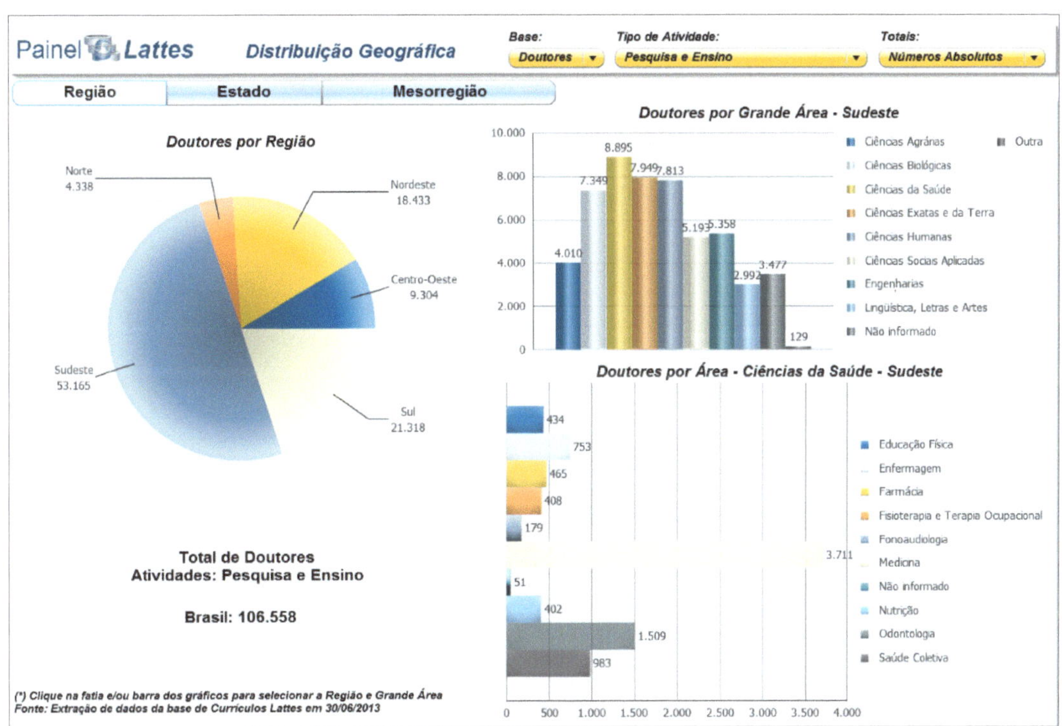

Figure 12 – Exemple de distribution géographique

5.2 Les laboratoires

Pour accroître leur notoriété, les institutions, les laboratoires mettent en place les sites Internet qui relatent l'expertise de leurs membres mais aussi la vie de l'Institution. Souvent ceci est réalisé au niveau macro, et il faut aller au niveau micro des sites de laboratoires pour obtenir un maximum de renseignements. Mais, cette information n'est pas systématique, elle n'est pas normalisée, souvent éparse et non obligatoire. Le problème est que souvent les sites de laboratoires donnent une perception différente de celle que l'on aurait de la même entité en consultant un site institutionnel, d'où conflits potentiels, principalement au niveau de la notation et de l'affectation des moyens. La figure suivante montre un bon site de laboratoire, avec description des acteurs, actualisation permanente des informations (publications, thèses, réunions, etc.)[112]. Il est en effet important de ne pas laisser un site sans actualisation car celle-ci constitue le moteur des consultations.

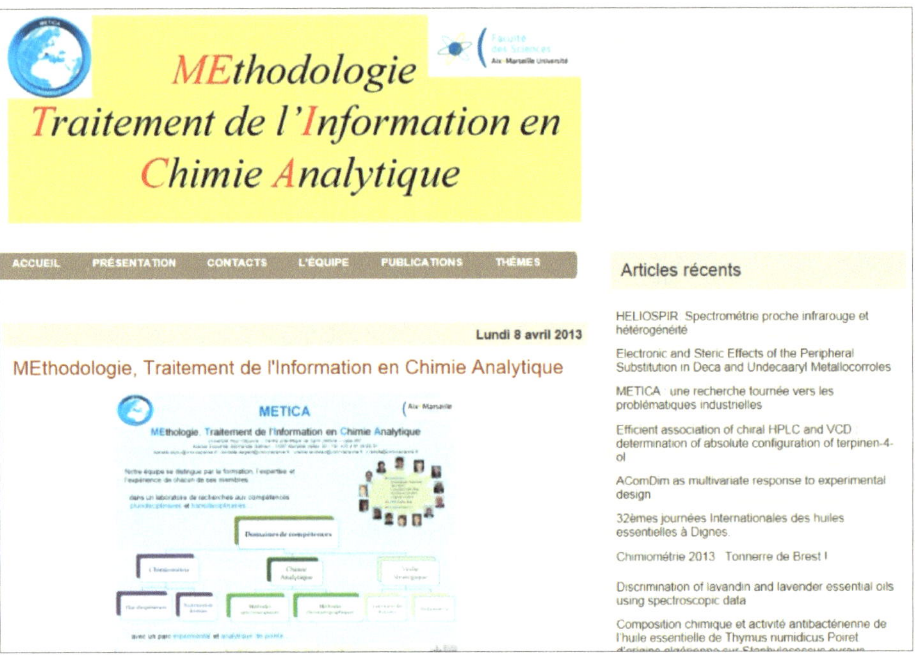

Figure 13 – Exemple d'un bon site de laboratoire

112 http://www.metica.net/

5.3 L'innovation

Sans entrer dans les détails, et en se référant aux travaux de la communauté européenne dans ce domaine, on peut distinguer dans le processus d'innovation deux phases[113].

La première consiste au financement par la collectivité des laboratoires de recherche et d'enseignement qui vont ainsi produire des connaissances et des expertises.

La seconde phase consiste à transformer ces connaissances et ces expertises en produits et services susceptibles d'être accepté par le marché et exportés si possible.

Avec la compétition actuelle et la crise que nous subissons, il n'est plus possible de se cantonner par conviction éthique ou politique à la première étape. Celle-ci doit nécessairement être complétée par la seconde étape. En ce qui concerne ce travail on voit bien que le processus de diffusion des connaissances que ce soit au niveau 1 ou au niveau 2 est crucial. Les moyens modernes permettent d'assurer un type de diffusion (étape préalable à l'évaluation) en adéquation avec ces deux niveaux. En avoir la maîtrise au plan national et régional assure en grande partie la réussite du deuxième niveau, c'est-à-dire l'intégration de la connaissance crée par l'effort national au niveau économique, celui du maintien ou de la création de nouveaux emplois.

5.4 La Responsabilité Sociale de la Recherche ou RSR

De plus en plus, la pression de la société civile, la nécessité de favoriser un développement régional, font que les institutions de recherche ne peuvent plus rester indifférentes à leur implication dans cette mouvance. Par contre ce que l'on distingue souvent c'est qu'il y a un fossé assez grand (pour ne pas dire autre chose) entre le discours des institutions et la réalité du terrain. C'est à ce niveau que les sites de laboratoires, peuvent rétablir une certaine réalité. Le problème actuel est que les instances régionales directement impliquées dans le développement ont souvent

---

[113] Erikson Per, (2006), Strategic Intelligence and Innovative Clusters – A Regional Policy Blueprint Highlighting the use of Strategic Intelligence in Cluster policy. Interreg III C (European Community) Centro Formativo Privinciale, Guiseppe Zanardelli, Azienda speciale de la provincia de Brescia, Interreg III C, VINNOVA, Brics-workshop - Aalborg Swedish Governmental Agency for Innovation Systems, 13th Feb 2006

tendances à suivre le discours et l'évaluation de l'institution plutôt que de juger sur pièce avec les moyens actuels mis à leur disposition. Il est navrant de constater que souvent les laboratoires les plus impliqués au niveau du développement régional sont souvent incompris et peu apprécier par l'institution dont ils dépendent, sans que régionalement ils soient confortés dans leur choix. Il ne peut pas y avoir qu'une recherche de très haut niveau, il faut en être conscient. Il est nécessaire que des échelons intermédiaires existent. On ne peut pas atteindre le sommet de l'échelle s'il n'y a pas de barreaux pour poser ses pieds.

Les moyens modernes d'information, que ce soit au niveau formel, informel, avec des sources d'informations ouvertes ou payantes, permettent de voir clairement le paysage dans lequel doit s'inscrire le développement. Utiliser ces moyens est un enjeu stratégique si on veut par leur intermédiaire créer une dynamique souvent réduite actuellement à la pente de carrière des individus.

Dans la figure suivante on met en évidence une initiative privée (La Provence quotidien Marseillais[114]) qui dans le domaine de l'environnement a créé un site qui relate les expériences des laboratoires des entreprises, des associations. Cette initiative qui pourrait bien aller vers la création d'un Living Lab[115] doit encore évoluer pour aboutir à des actions de co-création mettant en synergie les laboratoires, les instances politiques, les industries et le public via des Associations.

---

[114] http://www.echoplanete.com/

[115] http://fr.wikipedia.org/wiki/Living_lab

Figure 14 – Le nouveau site de WIKI2D, ECOPLANETE

6 – Conclusion

Nous avons vu que le paysage de la diffusion de l'information scientifique était en pleine mutation. Aux systèmes traditionnels qui subsistent par une coopération implicite entre éditeurs, serveurs et évaluateurs de la recherche se substituent peu à peu d'autres systèmes qui font appels à des ressources différentes : celles des scientifiques qui souhaitent maîtriser et diffuser leurs compétences, celles d'entreprises nouvelles qui créent des systèmes nouveaux d'accès à l'information. Connaître puis maîtriser les différents aspects de la diffusion de l'information scientifique est un enjeu stratégique. On ne peut pas vouloir développer une recherche scientifique tournée vers l'action («actionable knowledge») sans un système d'évaluation cohérent, compris par tous et faisant consensus.

Si l'anglais constitue actuellement la langue véhiculaire de l'information scientifique, il faut être conscient que par le jeu des éditeurs, elle donne un avantage concurrentiel très important aux pays anglo-saxon. Il faut donc développer une ou des stratégies nationales permettant à tout le moins de valoriser la recherche effectuée. Pour cela une « recette » est simple. A côté de grands programmes fondamentaux de recherche (cancer, génome, accélérateur, ..) il existe de multiples laboratoires dont la recherche a pour seul objectif la continuité de ce qui se fait dans le laboratoire et ceci pour la promotion entre autre des individus dans un cercle de plus en plus restreint. Ceci devrait être évité, et pour ce faire il faut infléchir ces orientations de recherche, tout en gardant une partie fondamentale, vers des problèmes à résoudre au sein de la société (qui entre autre paie les chercheurs et les enseignants chercheurs) ou au sein des entreprises entre autre régionale. Cette vision devrait être partagée au plan politique au niveau national, mais aussi surtout au niveau des régions qui bénéficieraient ainsi d'un apport important directement en prise avec la réalité.

Le modèle de la recherche, qui en France se veut désintéressée à la fois par son passé historique mais aussi par la pression des syndicats est arrivé à son terme. La crise, le manque de crédits, la compétition d'autres pays qui depuis longtemps ont compris que les mécanismes de transferts avaient changés (par exemple la Corée du Sud), montrent par leur réussite économique le bon exemple. Il serait souhaitable au moment où des programmes nationaux d'intelligence économique (ou compétitive) sont développés que cet aspect de la diffusion des connaissances, de leur utilisation qui est connexe soit analysée et que cette analyse infléchisse les politiques en cours.

Valorisation des actifs immatériels : enjeux actuels

Henri Dou

Professeur des Universités, Directeur d'ATELIS (France Business School)

1 rue Léo Delibes, BP 0535, 37205 Tours Cedex 3

douhenri@yahoo.fr www.ciworldwide.org www.amazon.fr/Henri-Dou/e/B00AWD21WU

Introduction

C'est un lieu commun de dire qu'actuellement la mondialisation est à la fois porteuse d'opportunités mais aussi de menaces. C'est aussi un lieu commun que de constater la désindustrialisation de la France. On trouvera dans de nombreux écrits un certain nombre d'analyses portant à la fois sur les erreurs commises dans le passé et sur le contexte général français qui relègue au second rang la création de richesses via le développement des entreprises. Mais, rien ne sert de commenter indéfiniment le passé et ce n'est pas en essayant d'appliquer les vielles « règles et recettes » à ce nouveau contexte que les solutions pourront être trouvées. Dans cette brève présentation j'aimerai insister sur un point qui me paraît fondamental : le nouveau rôle de l'université[116].

L'innovation

Toutes les études récentes sur l'innovation, qu'elles proviennent des USA[117], du Canada, de l'Australie, de la Communauté Européenne[118].... Mettent en évidence les points suivants :

---

[116] Dou Henri, Crisis, Innovation and the new role of the University, Franco-Chinese Seminar, Paris May 21-22, 2012

[117] Analyse du Rapport Palmisano par Tamada Shumpeter a fellow of the RIETI (Japan) http://www.rieti.go.jp/en/columns/a01_0158.html

[118] Interreg III is a European Community research program the aim of the program is the following: INTERREG III is a EC Community Initiative to promote transnational co-operation on spatial planning by encouraging harmonious and balanced development of

- L'Etat finance les laboratoires de recherches universitaires et les instituts pour créer des connaissances et des compétences au niveau national.
- Ces compétences et connaissances doivent être utilisées pour permettre le développement de produits et de services suffisamment robustes pour satisfaire la demande des « clients » et être exportés.

Cette constatation met en évidence un point fondamental c'est en mettant en place une liaison université industrie forte que l'on pourra réaliser la deuxième étape de l'innovation. Ceci conduit alors à des partenariats Public Privés facilités par la puissance publique. Mais, il est malheureusement constaté que dans bien des cas les universitaires considèrent que le financement de la recherche « va de soi » et que les chercheurs n'ont pas de comptes directs à rendre à la société civile qui finance leur activité.

Une présentation très instructive de cet état de fait aux USA est celle réalisée par Elias Zerhouni[119], Director of the National Institutes of Health (NIH) :

"The success of American scientific research depends on the existing implicit partnership between academic research, the government and industry. The research institutions have the responsibility to develop the scientific capital. The Government finances the best teams by a transparent system of selection. Industry holds the critical role to develop robust products intended for the public. This strategy is the key of American competitiveness and must be maintained. "

« Le succès de la recherche scientifique américaine dépend d'un partenariat implicite entre la recherche académique, le gouvernement et l'industrie. Les institutions de recherche ont la responsabilité de développer le capital scientifique. Le gouvernement

---

the European territory. The overall aim is to ensure that national borders are not a barrier to balanced development and the integration of Europe and to strengthen co-operation of areas to their mutual advantage. The Initiative runs from 2000 to the end of 2006.
Retrieved from the World Wide Web August 17th 2008 : http://www.interregiii.org.uk/

[119] Presenté en Décembre 2006 durant le congrès organisé par "the American Society of Hematology". Cité dans Quel modèle pour la recherche publique française, Les Echos, Mercredi 10 Janvier 2007 2007, Alain Perez

finance les meilleures équipes par un système transparent de sélection. L'industrie a le rôle critique et central de développer des produits répondant à la demande du public. Cette synergie est la clef que la compétitivité américaine et doit être maintenue. »

Il est donc évident que pour créer un contexte favorable principalement au niveau du développement régional des efforts doivent être entrepris pour développer une recherche qui ne soit pas coupée du contexte local et qui doit s'enserrer dans la RSR (Responsabilité Sociale de la Recherche)[120]. Mais, pour atteindre un tel objectif il est évident qu'on va se heurter à un certain nombre de freins tels que la promotion de la carrière des chercheurs, le système d'évaluation est les indicateurs[121], le manque d'analyse des besoins locaux non pas immédiats mais dans le futur. Nous allons essayer de présenter dans la suite de cet exposé différents moyens qui sans heurter de front les pratiques actuelles sont susceptibles de les faire évoluer dans le « bon sens ».

Intelligence Compétitive et cycle de l'Intelligence

L'Intelligence Compétitive dont de multiples définitions sont accessibles dans la littérature a pour but de protéger les acquis nationaux d'une part mais d'autre part elle doit permettre le développement économique, la meilleure prise de décision, la création d'une influence nationale et régionale, etc. Pour ce faire une utilisation raisonnée de l'information est nécessaire. Celle-ci est bien illustrée dans le cycle de l'Intelligence[122] (figure 1).

On constate que l'accès aux bonnes informations, leur traitement et un travail d'experts permettent de créer un savoir pour l'action qui va devenir un capital intellectuel à la fois

---

[120] Innover dans la recherche publique en France: la responsabilité sociale de la recherche (RSR) est-elle mesurée?
Dou Henri, VSE Vie et Sciences Economiques, Décembre 2010, pp/148-167

[121] Yves Gingras, La fièvre de l'évaluation de la Recherche. Du mauvais usage de faux indicateurs. Research note, UQAM Université du Québec à Montréal Mai, 2008 http://www.cirst.uqam.ca/Portals/0/docs/note_rech/2008_05.pdf

[122] Dou Henri, Innovation et développement régional. Intelligence Compétitive et création de savoir pour l'action dans Intelligence Territoriale et développement Régional par l'entreprise. Editeur P. Clerc, D. Guerraoui, Editions l'Harmattan, 2012

pour la Nation, la ou les Région(s), les universités et centres de recherche et les entreprises.

Pour amorcer ce cycle vertueux, nous proposons de « travailler » à la fois sur la vision stratégique du développement de la région, c'est-à-dire sur l'analyse des compétences présentes et des orientations futures, ceci pour mettre en évidence les informations clefs qui devront être recherchées et exploitées à la fois pour orienter la recherche mais aussi pour montrer ce qui peut être réalisé à partir des connaissances du moment , voire des richesses régionales existantes.

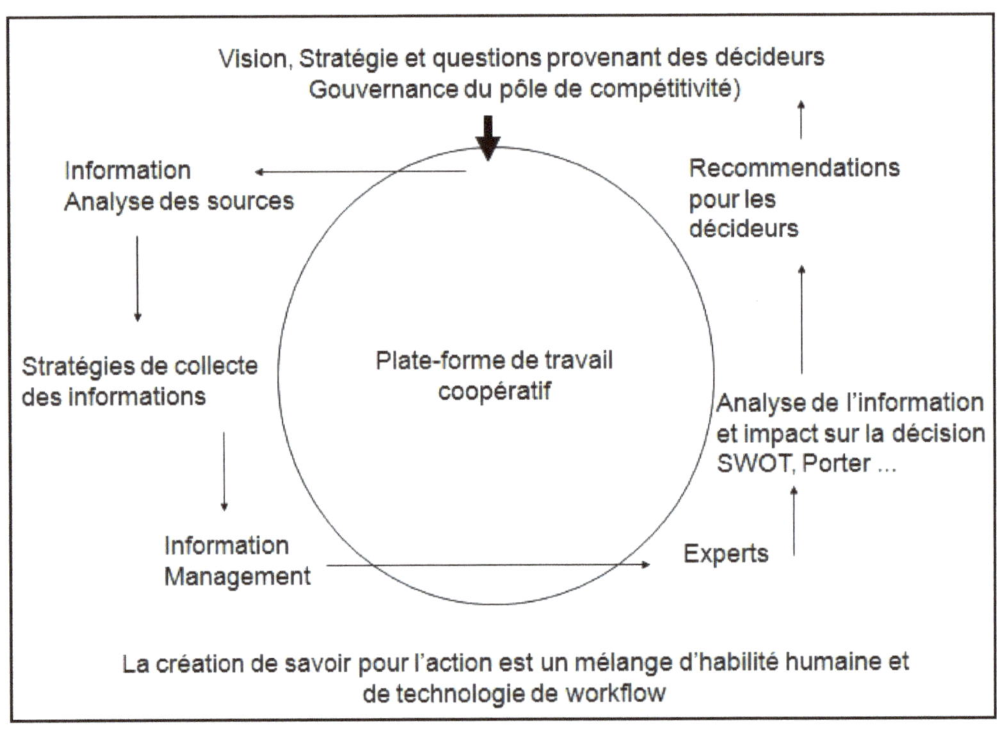

Figure 1 – Le cycle de l'Intelligence

Ceci pose le problème de la création d'une synergie entre les acteurs du développement économique et industriel d'une région et le ou les observatoires existants. Un bon exemple d'une telle pratique est l'Observatoire de la Région Centre[123] (Observatoire de Touraine[124]) qui est pris comme modèle par les provinces maritimes du Canada et par la

123 http://s244543015.onlinehome.fr/ciworldwide/?p=1488 (rencontres de Dieppe, Canada NB, 2013

Guyane. Son activité en liaison avec Atelis (Atelier d'Intelligence Stratégique, France Business School) st souvent citée en exemple où la coordination entre recherche et connaissance du terrain permet de développer des actions utiles aux entreprises. Le financement d'un tel observatoire pose en fait le problème de l'implication des pouvoirs publics dans la mise en place des outils permettant de mieux connaître les possibilités existantes et futures du territoire.

En ce qui concerne l'information, nous allons insister sur un point précis, qui est particulièrement négligé dans les institutions universitaires et dans les institutions de recherche. L'importance de l'information de propriété intellectuelle comme catalyseur de l'innovation.

L'information brevet catalyseur de l'innovation

Il est bien entendu que cette information s'inscrit dans une synergie entre information scientifique classique et information industrielle. Elle complémente ainsi la vision strictement académique qu'ont certains chercheurs à propos de l'utilisation de leurs compétences.

Le rôle du brevet est considéré ici comme étant une encyclopédie technologique vivante permettant de connaître l'état de la technique (à la fois au plan technologique, mais aussi au niveau des acteurs et de son évolution) au niveau mondial. Différentes bases de données existes et elles sont pour la majorité d'entre-elles gratuites. Citons une des principales: la base de données mondiale accessible via l'OEB[125] (Office Européen des Brevets) et son complément indispensable pour sérier applications et technologies la Classification Internationale des Brevets[126] (CIB). L'information brevet est unique car elle est rarement publiée ailleurs. Mais, cette source d'information unique n'est pratiquement pas utilisée par les universitaires et même par les Petites et Moyennes entreprises entre autre par un manque de connaissance sur le sujet et par un défaut universitaire au plan de l'enseignement. Pourtant, si on veut suivre l'évolution

---

124 http://economie-touraine.com/ Présentation générale de 'observatoire

125 http://worldwide.espacenet.com/advancedSearch?locale=en_EP Interrogation de la base en moe expert

126 http://worldwide.espacenet.com/classification?locale=en_EP Description t accès à la CIB

technologique, l'application des compétences au plan industriels et des services, la valorisation des ressources naturelles, l'évolution technologique dans un domaine, l'information brevet est indispensable. En outre, des systèmes très performants de recherche, de téléchargement et d'analyse sont accessibles pour des coûts très faibles[127], mettant l'APA (Automatic Patent Analysis) à la portée de tous, y compris des individuels[128].

D'autre part, on constate que les pays « dits » en développement comme la Chine, le Brésil[129] font un effort marqué dans cette direction. La Chine qui est le premier déposant de brevets dans le monde montre la voie dans le domaine en créant des centres d'analyses et de validation des informations dans quasiment toutes les universités et en mettant en place une base de données (accessible en anglais) le SIPO[130] des brevets chinois. Ceci souligne l'importance de l'information de propriété intellectuelle dans le développement à la fois industriel mais aussi scientifique.

Certains argumenteront sur la qualité des brevets publiés et entre autre des modèles d'utilité (pour la Chine), mais on n'est pas ici au niveau de la protection et de la prise de licence, mais au niveau de la divulgation d'informations technologiques qui permettent de suivre le développement d'un sujet, d'une thématique, etc. Pour plus d'information sur les brevets chinois et sur un essai d'analyse critique des tendances de publication consultez les travaux de Dou[131] et Jewick[132].

---

[127] Commentaire de l'auteur : issus du travail initié il y a de nombreuses années par le CRRM, le SGDN et le CEDOCAR dans le cadre de programmes de soutien à l'Information Scientifique et Technique, qui ont malheureusement disparus de nos jours

[128] http://www.matheo-software.com abonnement annuel 690€

[129] Barroso W., Queyras J ., Propriété industrielle: arme de la compétitivité 2.0, le cas du Tenofovir, Competitive Intelligence 2.0 Organization, innovation and territory, Ed Luc Quoniam, ISTE, WILEY, 2011

[130] http://www.chinatrademarkoffice.com/index.php/ptsearch accès à la base des brevets chinois

[131] Chinese Patent - A Tentative Explanation of Various Strategies of Patenting Dou Henri, Dou Jean-Marie Jr, Chinese Business review, January 2013, vol 12, n°1

[132] Jewick P., The Utility Model -- An Effective Tool in Global Patent Portfolio Protection, Intellectual Property today, 2013

Automatic Patent Analysis – Exemples de résultats

Généralités

L'Analyse Automatique des brevets a été décrite de multiples façons dans la littérature[133]. Une des plus récentes décrit l'utilisation de l'APA pour améliorer la prise de décision en science et en technologie[134]. L'APA va apporter au chercheur et à l'industriel, voire aux politiques les réponses suivantes :

- Qui fait quoi, dans quels domaines
- Quelle est l'évolution d'une technologie dans le temps
- Quels sont les principaux acteurs dans un domaine donné
- Quels sont les possibles nouveaux entrants dans un domaine donné
- « Bench Marking » automatique des compétences des entités déposantes ou des inventeurs
- Co-publications entre déposants
- Potentiels de recherche dans un domaine donné (y compris par entreprises)
- Comparaison des tendances de R&D entre pays ou entre entités déposantes
- Participation universitaire dans le domaine de la propriété intellectuelle
- Choix raisonné de partenaires pour des transferts de technologie éventuels

Cet ensemble de réponses n'est pas figé, car il dépend des demandes et des besoins des utilisateurs de l'PA.

Exemples d'analyse automatique

Etude sur la valorisation des cactus.

« Benchmarking » automatique de diverses sociétés déposantes dans le domaine. On réalise à partir du corpus de notices de brevets téléchargées depuis la base mondiale des brevets, une matrice déposants/CIB 4 digits. La CIB permet de mettre en évidence les domaines d'utilisation ainsi que les technologies utilisées. La CIB est un ensemble de

---

[133] Henri Dou and Jean-Marie Dou Jr , Bibliometry technique and software for patent intelligence mining (chapter) in Managing Strategic intelligence. Techniques and Technologies a review, Editor Mark Xu, IGI Global, England ISBN 978-59904-243-5 15 May 2007

[134] Automatic Patent Analysis (APA) to Improve Innovation and Decision Making in Science and Technology
Dou H., J. Kister, B. Mannina, International Journal of Latest Research in Science And Technology, Volume1, issue4, 2012

lettres et de chiffres allant de 1 à 8 digits, au plus le nombre de digits est élevé au mieux est la précision du domaine.

Exemple A = Human necessities A61 = Medical or veterinary science, Hygiene

A61K = Preparations for medical, dental or toilet purposes

A61K 2008 = Cosmetic or similar toilet preparations

La matrice obtenue à partir de plus de 600 références est présentées dans la figure 2.

	YU NEIXUN (CN)	Empty Field	NEIXUN YU (CN)	SUN BAOCHENG (CN)	CHEN MANQUAN (CN)	WANG JINJIANG (CN)	KOREA INST SCI and TEC...	JIANG YUE (CN)	JAU FEI CHEN	YUE JIANG (CN)	ECCEL INTERNAT INC E (US)	JAU-FEI CHEN (US)	CHEN JAU FEI (US)	EXCEL INTERNAT INC E (US)	CHEN JAU-FEI (US)	EXCEL INTERNATIOANAL I...	EXCEL INTERNATIONAL IN...	EXCEL INTERNAT E (US)	HUANG YULIAN (CN)	SHUNDI YU (CN)	JIANG CHAO (CN)	PARK CHANG HA (KR)	ABOCA S P A (IT)	AMATO TERI
A61K	43	22	12	6	5	6	4	4	1	3	1	1	1	1	1	1	1	1	2		3		1	1
A61P	42	13	12	4	4	2	4		1		1	1	1	1	1	1	1	1	1				1	1
A23L	34	16	7	6	5				1		1	1	1	1	1	1	1	1	1			2	1	1
A61Q		6							1		1	1	1	1	1	1	1	1	1					
A23C	33	2	7																1					
A01N		7							1		1	1	1	1	1	1	1	1					1	1
A23K		1				3		4		4										6	3	4		

Figure 2 : Vue partielle de la matrice déposants/CIB (à 4 digits). Les chiffres dans le cases indiquent le nombre de familles[135] de brevets

Valorisation des ressources naturelles : l'essence de romarin

[135] Brevets de numéros différents mais couvrant la même invention, si le brevet n'est pas étendu la famille comprendra un seul brevet

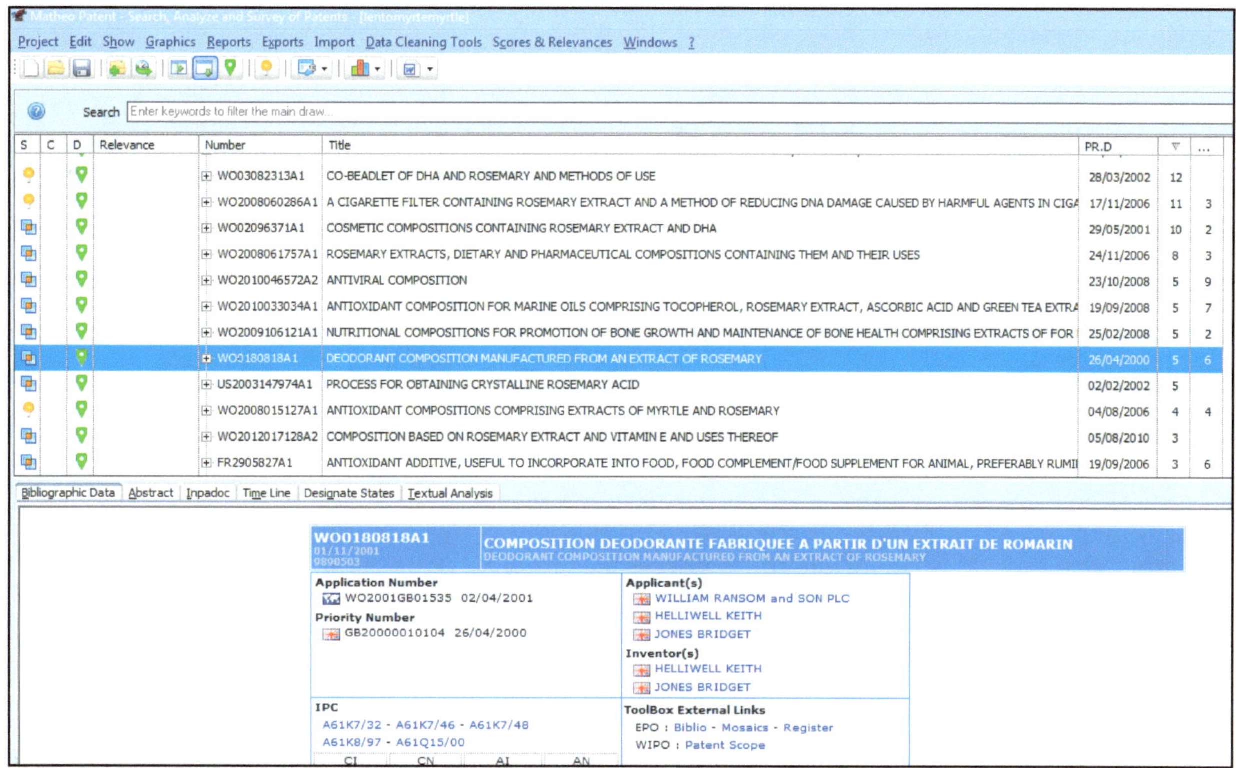

Figure 4 – Ecran principal, accès aux titres et aux références bibliographiques

Dans le même domaine, on peut sélectionner à partir de l'analyse automatique des mots des titres et des résumés, des domaines stratégiques qui peuvent être l'objet de développement au plan local. La figure 5 représente une analyse mettant en évidence les différents acteurs dans les domaines sélectionnés.

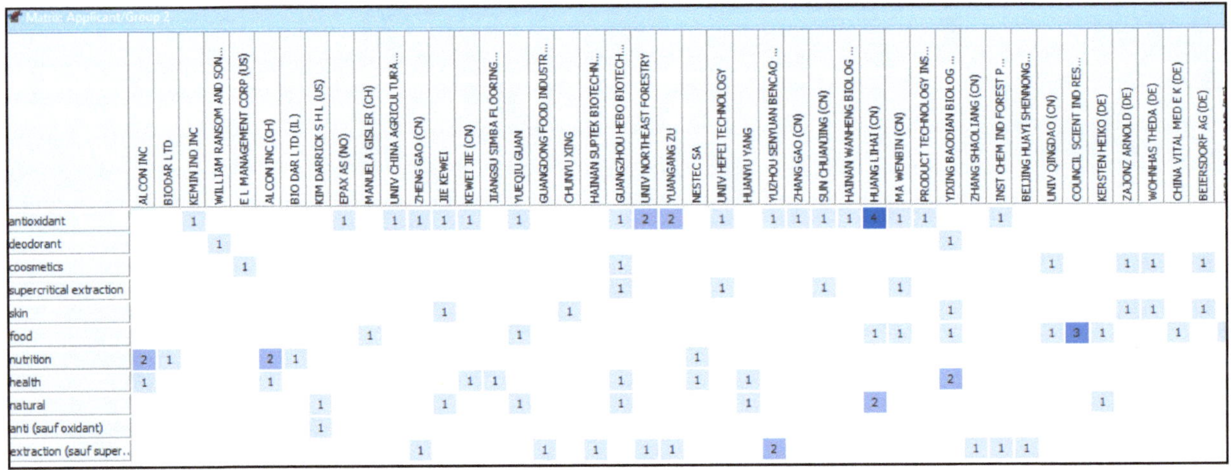

Matrix: Applicant/Group 2

	ALCON INC	BIODAR LTD	KEMIN IND INC	WILLIAM RANSOM AND SON...	E L MANAGEMENT CORP (US)	ALCON INC (CH)	BIO DAR LTD (IL)	KIM DARRICK S H L (US)	EPAX AS (NO)	MANUELA GISLER (CH)	UNIV CHINA AGRICULTURA...	ZHENG GAO (CN)	JIE KEWEI	KEWEI JIE (CN)	JIANGSU SIMBA FLOORING...	YUEQIU GUAN	GUANGDONG FOOD INDUSTR...	CHUNYU XING	HAINAN SUPTEK BIOTECHN...	GUANGZHOU HEBO BIOTECH...	UNIV NORTHEAST FORESTRY	YUANGANG ZU
antioxidant			1						1		1	1	1	1		1				1	2	2
deodorant				1																		
coosmetics					1															1		
supercritical extraction																				1		
skin													1					1				
food										1						1						
nutrition	2	1				2	1															
health	1					1								1	1					1		
natural								1					1			1				1		
anti (sauf oxidant)								1														
extraction (sauf super..												1					1		1		1	1

	NESTEC SA	UNIV HEFEI TECHNOLOGY	HUANYU YANG	YUZHOU SENYUAN BENCAO ...	ZHANG GAO (CN)	SUN CHUANJING (CN)	HAINAN WANHENG BIOLOG ...	HUANG LIHAI (CN)	MA WENBIN (CN)	PRODUCT TECHNOLOGY INS...	YIXING BAODIAN BIOLOG ...	ZHANG SHAOLIANG (CN)	INST CHEM IND FOREST P...	BEIJING HUAYI SHENNONG...	UNIV QINGDAO (CN)	COUNCIL SCIENT IND RES...	KERSTEN HEIKO (DE)	ZAJONZ ARNOLD (DE)	WOHNHAS THEDA (DE)	CHINA VITAL MED E K (DE)	BEIERSDORF AG (DE)
antioxidant		1		1	1	1	1	4	1	1			1								
deodorant											1										
coosmetics															1			1	1		1
supercritical extraction		1				1			1												
skin											1							1	1		1
food								1	1		1				1	3	1			1	
nutrition	1																				
health	1		1								2										
natural			1					2									1				
anti (sauf oxidant)																					
extraction (sauf super..				2								1	1	1							

Figure 5 – Les meilleurs acteurs dans les domaines sélectionnés (vue partielle), la meilleure entreprise, est celle qui possède des brevets dans le maximum de domaines.

Moteurs diesel et méthodes de « monitoring »

A partir d'un téléchargement des notices de brevets correspondants au sujet, on sélectionne les différentes méthodes à partir des mots présents dans les titres et résumés. Le nombre de familles de brevets afférentes aux domaines sélectionnés.

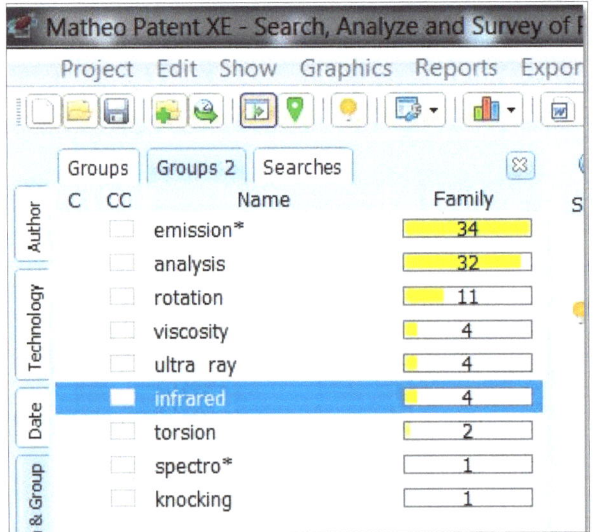

Figure 6 – Méthodes de monitoring des moteurs diesels

Dans le même domaine, étude des sujets protégés par des universités dans le domaine du monitoring utilisant la spectroscopie :

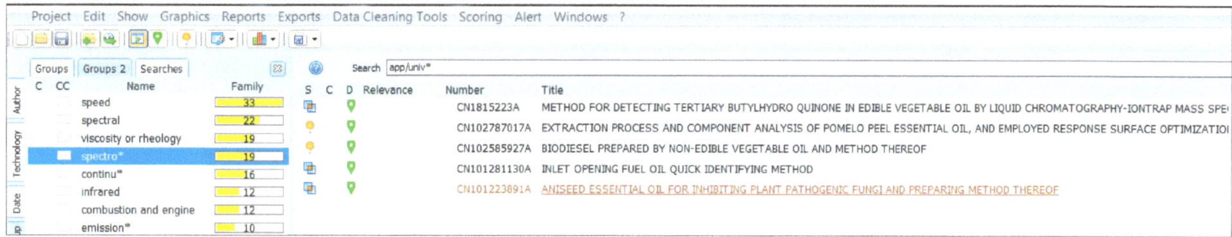

Figure 7 – Travaux universitaires protégés dans le domaine des méthodes de monitoring des moteurs diesel

On peut noter que dans presque tous les sujets, la présence de la Chine est de plus en plus importante avec une présence marquée des universités comme déposant. Ceci indique une forte tendance des universités chinoises à mettre en place des sujets de recherche liés à des préoccupations industrielles[136]. Cela souligne aussi le fait que l'utilisation de l'information brevet devient incontournable[137], que ce soit dans les entreprises ou dans les universités et centres de recherche.

Le développement d'unités d'Intelligence Compétitive dans les laboratoires

Il serait donc souhaitable, que les laboratoires puissent mettre en œuvre des méthodes et des outils leur permettant soit de valoriser les compétences acquises, soit d'orienter les sujets de recherche vers des préoccupations régionales ou nationales, ce qui conforterait la valorisation des acquis immatériels. Un exemple de réalisation d'une telle unité dans un laboratoire de recherche a été décrit en détail[138]. Elle concerne le

---

[136] Ceci est lié au fait que la Chine a développé de nombreuses universités technologiques, ce qui facilite le développement de relations industrielles suivies. En France la seule Université Technologique est l'université de Compiègne créée en 1972 et qui reste un modèle d'innovation tant en recherche qu'en enseignement.

[137] Les systèmes actuels de traduction automatique permettent souvent de s'affranchir des contraintes du langage et permettent de mieux comprendre le contenu d'un travail publié dans une langue étrangère.

laboratoire METICA de l'Université Aix Marseille. L'utilisation systématique de l'information brevet et la mise en place d'une veille scientifique et technique couvrant les compétences du laboratoire a permis le développement de nombreux contrats industriels, une insertion dans les pôles de compétitivité et en même temps une augmentation caractéristiques des publications de rang A[139]. Ceci permet d'intégrer les compétences du laboratoire dans un système de valorisation, augmentant de ce fait les contacts industriels et la participation du laboratoire à l'effort national de développement.

En effet, même s'il existe des cellules de valorisation dans les universités, celles-ci ne valorisent que les acquis et ne sont pas à même de devenir une force de proposition pour orienter certains sujets de recherche et pour aborder directement avec un industriel et sur le plan technique des discussions approfondies.

Conclusion

De plus en plus les régions devront se développer en s'appuyant sur toutes les forces régionales susceptibles d'apporter une contribution significative au développement industriel de celles-ci. Le brevet, qui constitue un lien entre les applications industrielles et la recherche scientifique est souvent considéré comme un système protection. L'approche que nous préconisons est différente, c'est celle de l'utilisation des informations brevets pour favoriser l'innovation, la détection d'opportunités et l'infléchissement (si nécessaire) de sujets de recherche. Notons aussi qu'un brevet s'il est uniquement déposé au niveau national (brevet français par exemple), ne protège l'invention qu'en France mais la divulgue au niveau international. Il est donc évident qu'un brevet non étendu ne protègera le déposant qu'au niveau national mais ne permettra pas de lutter contre l'utilisation de l'invention dans d'autres pays (elle

---

[138] Jacky Kister, Henri Dou, Integration of Competitive Intelligence and Technology Watch in an Academic Scientific Research Laboratory (Chapter) in Competitive Intelligence and Decision Problems, Edited by Amos David, ISTE, WILEY, 2011, ISBN 978-1-84821-237-4, pp225-242, 2011

[139] On peut cependant déplorer que des institutions comme le CNRS ne reconnaissant pas l'engagement des chercheurs dans une telle direction et que lors de l'examen par l'ANR de certaines propositions de recherche la Veille Scientifique et Technologique sot déclarée par l'examinateur du projet comme inutile. (note de l'auteur)

protègera cependant le déposant de l'importation en France de produits réalisés à partir de l'invention protégée au niveau français).

Il existe différentes méthodes telles que l'analyse SWOT (Forces, Faiblesses, Opportunités, Menaces) ou le diamant de Porter (impact des technologies nouvelles, des nouveaux entrants, de la demande et des coûts des matières premières sur l'activité de l'entreprise) dont les données peuvent avantageusement être complétées par l'Intelligence Compétitive et par l'analyse de l'information brevet. Souhaitons que de telles méthodes soient mises en pratiques dans les universités et dans les laboratoires à partir de « thinks tanks » stratégiques, directement liées aux industries régionales et à la vision politique du développement de la région.

Crisis, Innovation and the new role of the Universities

Henri Dou[140], Atelis (Strategic Work Room of the Groupe ESCEM – France Business School)

1 rue Léo Delibes, BP 0535 37205 Tours cedex 3 - France

douhenri@yahoo.fr www.ciworldwide.org www.amazon.fr/Henri-Dou/e/B00AWD21WU

Background

The constant crisis in which most of the Western Countries have been subjected put into the front line the Innovation. In fact, part of the crisis is linked to the fact that many western countries did not maintained a sufficient industrial activity and delocalized part of it in countries where the manpower cost is lower. The main problem is now to re-industrialized and to try in this process to bypass the today technologies and applications to move to new ones. This can be done through innovation and then most countries in various reports underlined its key role in industrial development.

1 - The Triple Helix and the new public and private partnerships

One point which is very important today is that we are in the so called "research economy driven". To illustrate this matter let us take for example the work produced by the InterregIII[141] in the field of the Triple Helix[142]. The example below illustrates what we

---

[140] Henri Dou, former University Professor and Director of the CRRM, is now Director of Atelis, and French expert in the Franco Chinese Association of Competitive Intelligence. He works also as a consultant for various international institutions.

[141] Interreg III is a European Community research program the aim of the program is te following: INTERREG III is a EC Community Initiative to promote transnational co-operation on spatial planning by encouraging harmonious and balanced development of the European territory. The overall aim is to ensure that national borders are not a barrier to balanced development and the integration of Europe and to strengthen co-operation of areas to their mutual advantage. The Initiative runs from 2000 to the end of 2006.
Retrieved from the Worl Wide Web August 17th 2008 : http://www.interregiii.org.uk/

[142] The Triple Helix as a Model for Innovation Studies -(Conference Report), Science &

mean by triple helix[143]. The development of the best conditions to create knowledge and competencies are reached at the intersection of the Governmental institutions – research centers – industry. This called for a new type of partnership between the public and private institutions. The figure 1 illustrates this matter[144].

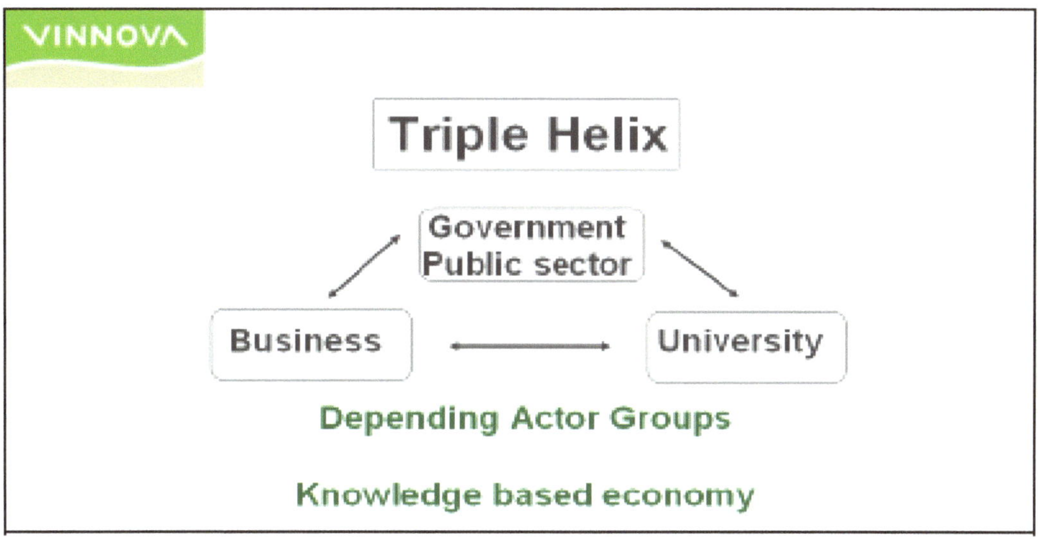

Figure 1 – Illustration of the public and private partnership

1.1 Innovation

Innovation is a word which is used in many ways. It is important to give to this word the right signification before continuing this presentation. Many reports have been published those last years to emphasize the role of innovation in the development of the state's economy. The well know Palmisano[145] report from the USA brushes the context

---

Public Policy Vol. 25(3) (1998) 195-203 Loet Leydesdorff & Henry Etzkowitz see also Industry & Higher Education 12 (1998, nr. 4) 197-258 http://users.fmg.uva.nl/lleydesdorff/th2/ihe98.htm
see also L. Leydesdorff et H. Etzkowitz, « Triple helix of innovation : introduction », Science and Public Policy, 1998

[144] Centro Formativo Privinciale, Guiseppe Zanardelli, Azienda speciale de la provincia de Brescia, Interreg III C
Brics-workshop - Aalborg 13th Feb 2006 Dr Per Eriksson, - Director General VINNOVA - Swedish Governmental Agency for Innovation Systems
[145] Analysis of the Palmisano Report by Tamada Shumpeter a fellow of the RIETI (Japan)

in which innovation must be developed. Again, we will take the meaning of innovation from the work of the InterregIII program and the cluster development[146].

Step 1: Generally most of the people (and mainly in research and especially in France) believe that the Government should subsidize the research and the education as finality. Then knowledge will be created. This is common place and many people stick to this view without thinking how the money necessary for the research and the development will be found.

Step 2: Now if we consider the success stories of the Silicon Valley or Triangle park in the US and if we look to the mechanism which bring the success of these clusters, it is clear that the step 1 should be completed by another step which is fundamental, this is the INNOVATION step: **It is necessary to transform the knowledge which has been created in step 1 to money.**

1.2 Example

The better example of this process is indicated in the statement presented by Elias Zerhouni[147], Director of the National Institutes of Health (NIH) in the USA: *"The success of American scientific research depends on the existing implicit partnership between academic research, the government and industry. The research institutions have the responsibility to develop the scientific capital. The Government finances the best teams by a transparent system of selection. Industry holds the critical role to develop robust products intended for the public. This strategy is the key of American competitiveness and must be maintained. "*

---

http://www.rieti.go.jp/en/columns/a01_0158.html

[146]http://www.amazon.fr/Competitive-Advantage-Nations-New Introduction/dp/0684841479

published in 1998. Extract: Why do some Nations succeed and other fall in international competition? This question is perhaps the most asked economic question of our time. Competitiveness has become one of the central preoccupations of government and industry of every Nation. The United States is an obvious example, with the growing public debate about the apparently greater economic success of other trading Nations. But intense debate about competitiveness is also taking place today in such "success story" nations as Japan and South Korea.

[147] Presented in December 2006 during the congress organized by the American Society of Hematology. Cited in What model the French public research, Les Echos, wednesday January 10th 2007, Alain Perez

Do not forget also, that innovation is also a matter of spirit, of the will of the decision makers to move into an uncertain world. This means that the "culture" of the company of the people in charge of the governmental institutions, of the research centers of the universities are concerned[148].

It is also clear, that if the large companies have the facilities to develop "in house" the innovation process, re-industrialization go also (I can say mainly) through a new development of the SMEs. The SMEs are the places where most of the jobs are created and also they are located in many regions of one country, so that they can balance the development in all the territory.

2 – The creation of Competences

In this context if we take for granted that most of the competences are created by universities and research laboratories, it is obvious that we must re-consider the role of the universities and more especially their relationships with the SMEs. In different countries the role of clusters and in France of the poles of Competitiveness are considered as the way to create the best conditions to innovate, but a careful analysis of what is going on in the poles of competitiveness must tempered this point of view.

– in the majority of cases, development of generic technologies over a span of five years or more. In this case, most interest comes from large companies and from groups of laboratories (CNRS, universities etc.). These actions are, in most cases, much longer and too academics to be used by SMEs. The problem in such cases is that the initial aim of the cluster, to establish a relatively rapid dynamic, is not attained[149]

In the best of cases (which is, alas, rare), the aim is to develop industrially viable products in the short term, using synergy between the competences of the various actors involved in the cluster, with, if necessary, the development of rapid fundamental research to increase the industrial robustness of the product.

Then, it is interesting to see that in spite of the will of the decision makers, the system did not works well if the status of the Universities remains the same. Why are we in such

---

[148] Schumpeter 1911 farsighted visions on economic development, Thornjorn Knudsen and Markus C. Becker, American Journal of Economics and Sociology, April 2002

[149] Governance and Short-Term Product Development in Clusters - An example the FIRE Application (Chapter)
Henri Dou, Competitive Intelligence and Decision Problems, Edited by Amos David, ISTE, WILEY, 2011, ISBN 978-1-84821-237-4, pp.269-278

a position? To answer this question it is necessary to analyze what are the drives of a researcher or any University people (or other research institutions like in France the CNRS, INRA, INSERM, etc.). *Most of the researchers take care of their career and to do it, since they are evaluated by some commissions of their institutions, they have to fulfill a certain numbers of criteria. The same situation is true for the laboratories, if they which to maintain their position or improve it to get more funding.*

A close examination of the criteria used to evaluate the researchers or to evaluate research laboratories underlines the fact that they are very far away of what should be necessary to close the gap between SMEs and Universities. These criteria are grounded to international publications, (most of them in English), size of the teams, and bibliometrics indicators which have been criticized by various authors[150], etc. The analysis of the comments done by "evaluators" of people or laboratories pin point that they consider most of the time that to help SMEs is not fundamental research and is a waste time. The problem is then very simple:

- **On one way SME must be helped to develop innovation and increase their performance to go alone or in group on international markets[151]**

- **On the other hands, the people which possess the knowledge to facilitate innovation are subjects to various indicators of performances which distant them from the SMEs.**

It is then urgent to think otherwise and to set up a new role of the university. When times are difficult and when there is a need to focus all the capabilities of a Nation or a region to help the economic development a drastic move must be done. ***This is not by trying to apply the "old rules" to this new context that the solution will be found.***

3 – The new role of the University

---

[150] Yves Gingras, La fièvre de l'évaluation de la Recherche. Du mauvais usage de faux indicateurs. Research note, UQAM Université du Quebec à Montréal Mai, 2008 http://www.cirst.uqam.ca/Portals/0/docs/note_rech/2008_05.pdf

[151] Of course we did not speak of the political incentives to make SMEs more competitive. We are here speaking only on the research and innovation point of view.

Different authors and more especially the teams working on the concept of triple helix emphasize the necessity for the university to move to a new role. The following figures indicate the different moves done between the 19th century and the 21srt century.

Figure 2 – The new missions of the universities

The problem to be able to move to these new missions is to create the context which will facilitate this move. In our opinion the first and most important step is to consider that the today criteria to evaluate the researchers MUST be changed and the mission of the research institutions modified. It is not possible to reasonably think that all researchers (and this is the case in France, where there is in the University large group of civil servants affected to teaching and research with a permanent status) should be all of a top level and of an international quality. The figure 3 indicates that there must be different ways to evaluate the production and works of these people.

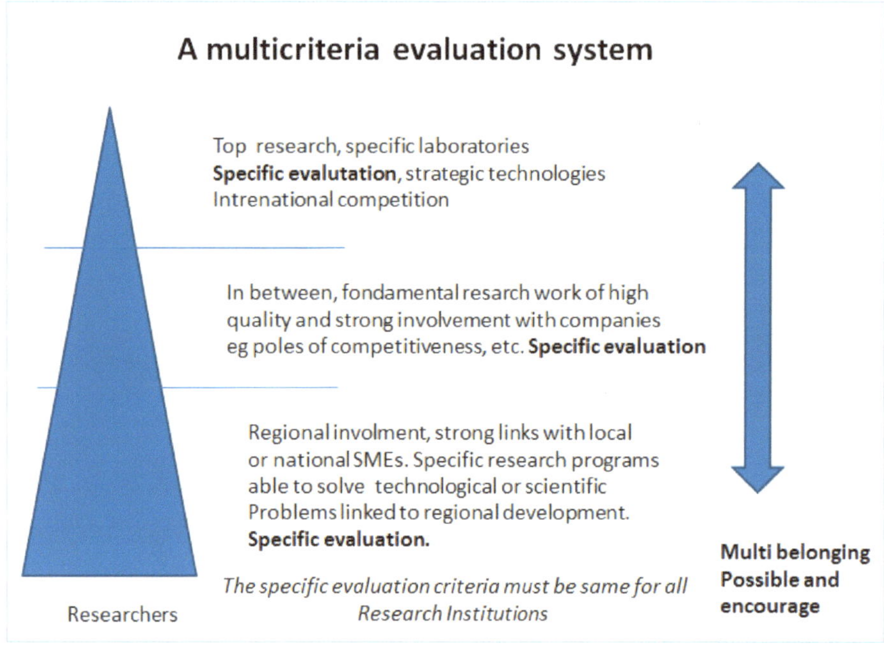

Figure 3 – A multicriteria evaluation

We can make a parallel between the development of a program of Competitive Intelligence (as the one develop in France) and its impact on universities changes. If some programs of Competitive Intelligence are promoted in the Universities (as an experiment, which means not generalized), a close examination of their content shows that the part which should devoted to university change is not present. This again underlines the necessity, if we want to move in a real PPP Public and Private Partnerships able to sustain widely the SMEs, to modify widely all the processes of evaluation and to make them effective.

4 – A critical role for information

Helping the SMEs, means that research laboratories should be aware of how their competences and knowledge could be used to develop products and services able to be used by industry. In the above paragraph we notice that the evaluation criteria focus on scientific papers, most of them in English, and very difficult to be used by SMEs. To second this position, a brief analysis of the bibliographic references of many scientific papers shows that PATENTS are almost never cited. This means that the information able to create a link between research and industry is practically ignored by academics. This is mainly due to the fact that patents represented most of the time as a system to protect invention. *This is true, but this is only one side of the system*. In fact patent information is a considerable source of innovation because it describes in detail what other do in various industries and in various countries[152]. The free availability of Patents as well as the access for a very low cost to APA (Automatic Analysis Software)[153] will facilitate for laboratories the development of a concrete vision of the application fields of their knowledge. This will also help to create links with SMEs or SMIs. Various programs developed by International organization such as the WIPO (World International Patent Organization) for developing countries.[154] used Patent Information to improve innovation. Another point which is important about patents is that if you take the number of patents as an indicator of performance, you have to temper it by the following considerations:

- When a patent is granted, this is only the first step to climb. The second one is either to sell the license of to find a partner which will be able to invest to develop the invention
- When a patent is granted in one country only, and if you do not extend this patent in other countries during the span of 12 months, this patent can be used in other countries freely.

---

[152] Patent Analysis for Competitive Technical Intelligence and Innovative Thinking H Dou, V Leveillé, S Manullang, JM Dou Jr, Data Science Journal (DSJ), Vol. 4 (2005) pp.209-236

[153] See for instance http://www.matheo-software.com

[154] See http://www.ciworldwide.org for various examples of the development of this program in Africa (Cameroon, Burkina Faso, Mali, Ethyopia, etc.

- The above point introduces the problem of maintaining or not a patent alive. This is a problem for Universities and research centers, because if you do not arbitrate between patents within your portfolio you will spend a lot of money for almost no results.
- We suggest, also that a priority must be given to the patents which are taken in cooperation with and industry. That means that the University and the industry will appear in the applicant field.

Those simple rules will avoid the inflation of patents coming from universities and especially when the universities may receive some incentive from the State to be involved in patenting.

The use of bibliometrics tools may also be of a great help[155] to brush and enlarge the scope and the vision of academics which most of the time are focused on tiny research domains.

Another part which is important and linked to information science, is to use the facilities offered by IT (Information Technologies), to create or comfort networks of researchers and companies. A good example of these facilities is given by Brazil which developed the database Lattes[156]. This database is freely available for all and gives all the details of the Brazilians researchers financed by the CNpQ (Centre National of Brazilian Research, equivalent to the CNRS in France). This database can also be interlinked with other databases which describe the technical and scientific capacities in research and technologies of SMEs and SMIs all around the country. The result is a large facility for the people who want to develop PPP (Public and Private Partnerships) and to find the right partner.

---

[155] Intégration de l'Intelligence Economique et de la Veille dans un laboratoire de recherche académique scientifique (Chapitre)., Kister J, Dou H, Hermes Lavoisier, Chapitre, coordination Amos David, 2010

[156] From the name of a brazilian scientist http://lattes.cnpq.br/english/conteudo/aplataforma.htm

Conclusion

If we consider that innovation is one of the keys for a future re-industrialization of regions, it is important to analyze the brakes and levers able to sustain it in research laboratories and industries. An analysis of what has been done today (specifically in France) underlines the fact that criteria, evaluation and university missions must be changed. This move must be done rapidly since the time constant is also very important. Beyond this change, the new criteria should be effectively used, in a very clear evaluation process. Facilities may also be available to laboratories to develop such a change: patent information, use of bibliometrics techniques and development of adequate databases of competences and Competitive Intelligence are part of them. The main problem is not to multiply the number of structures able to transfer research to industry. The main problem is to involve in the researcher attitude the production of an actionable research which will be easily transferred to industry. What is the need to multiply tranfer's structures is there is nothing to transfer?

Intelligence Economique et Exportation

Henri Dou, Professeur des Universités, Directeur d'ATELIS, Consultant International

douhenri@yahoo.fr www.ciworldwide.org www.amazon.fr/Henri-Dou/e/B00AWD21WU

De très nombreuses voix s'élèvent pour indiquer qu'une des manières de combler notre déficit commercial est de favoriser l'exportation. Si génériquement cette situation est bien adaptée à de grands groupes industriels (encore que la concurrence internationale devient de plus en plus difficile), se posent diverses questions à propos des actions d'exportations qui pourraient être développées par les PMI et PME.

Nous ne parlerons pas ici d'une manière exhaustive des ETI, car leur nombre reste en France limité, et parce que la majorité des créations d'emplois se réalise dans les PMI et PME. En outre une étude récente met en évidence que ce serait les Etablissement de Taille Moyenne (ETM) qui joueraient un rôle majeur au niveau Innovation et Exportation. (voir premier chapitre)

1 - Globalement la situation est la suivante

- Les matières premières et leurs transformations,
- Les grands équipements
- Les produits de grande distribution
- Les opérations de publicité et de communication

Restent le fait de grands groupes industriels et les PME et PMI ne peuvent que très rarement entrer dans ce cadre.

Reste alors deux options :

- Aller à l'Export avec les grands groupes industriels, mais dans ce cas il ne faut pas que la PME ou la PMI servent de variable d'ajustement,
- ou alors trouver des niches qui pourront être exploitées de deux manières :

Transfer de compétence et de technologie

Ou vendre des produits directement ou via un intermédiaire, produits qui devront être adapté au marché auquel on veut s'adresser. Généralement produits robustes, simples, et de coût supportable.

Un panorama local, régional, national et européen complexe

Ce tableau étant brossé, on constate que dans le cadre National, Régional même local, de multiples aides et opérateurs sont présents et que les aides sont souvent difficiles à déchiffrer. Sur le plan Européen, des programmes d'aide à l'export existent, mais ils sont souvent complexes et nécessitent une forte capacité financière des acteurs ceci du entre autre aux délais très large de payement. Les difficultés administratives pour mettre en place les demandes sont aussi un frein, car les petites entreprises ne possède pas à Bruxelles « d'outil de lobbying »[157].

De nombreux sites Internet, circulaires, réunions concerne le sujet. Mais force est de constater comme le fait JB Anginot, Directeur Général d'Ecofit, à Vendôme et premier vice-président de la CCI de Loir et Cher que bon nombre d'entreprises primo exportatrices disparaissent des statistiques dès l'année suivante, et que 88% du chiffre d'affaire export régional est assuré par des entreprises qui pratiquent les marchés extérieurs depuis plus de dix ans[158].

2 - Quelques points clefs

Nous allons donc essayer dans cette courte intervention de mettre en évidence quelques points précis qui doivent permettre à une entreprise de « durer » à l'international. En effet avoir de bons produits ou une bonne technologie n'est pas suffisant. *Il est nécessaire pour l'entreprise de développer des attitudes et des motivations particulières.*

---

[157] Selon Alain Juillet (Présentation de l'Influence au colloque international sur « les Sciences de l'Information et leurs implications géopolitiques » se tiendra les 28 et 29 Novembre au palais des congrès à Ajaccio, il y a Bruxelles pour l'ensemble des lobbyistes, 50% d'américains, et les 60% restant se partagent entre 40% pour l'Angleterre. Le reste concerne alors les 26 pays restants. Voir la présentation d'Alain Juillet sur http://www.ciworldwide.org

[158] La lettre Valloire, Mercredi 2 Octobre 2013, n° 599
http://www.lettrevalloire.com/Lettre-Valloire-Pdf/

Trouver des marchés de niches et s'insérer dans ces derniers suppose de mettre en place dans l'entreprise :

- des actions d'*innovation*
- mais plus en amont de s'assurer d'une *créativité suffisante*.
- mais aussi d'être en parfaite symbiose avec les marchés sur lesquels on veut porter l'effort
- et connaître les grands traits culturels des pays dans lesquels on veut exporter

Ceci fait appel aux personnels de l'entreprise mais aussi au management et aux RHs qui doivent mettre en place de tels programmes ou des actions permettant me mettre l'entreprise « on the move ». Des spécialistes externes peuvent aider dans cette tâche.

Les préalables

La culture et la langue

L'entreprise doit ensuite se pencher sur les opportunités qu'offre sa production ou ses savoirs faire ou les deux pour aller à l'export. Quelle stratégie au départ pense-t-on adopter ? Mais surtout qu'elles sont les connaissances de bases qu'il faut acquérir sur le ou les pays-cibles. Nous ne parlerons pas ici, car c'est une évidence des risques pays sur le plan de la stabilité politique, du change, des modalités de paiement, des normes et standards, des modalités d'expédition, des incidents climatiques, ni sur la nécessité d'avoir des fond disponibles, mais nous insisterons sur *la culture et la langue* qui sont deux éléments qui vont de pair. Il existe de nombreuses facilités qui permettent de traduire des textes, soit gratuitement soit par utilisation de logiciels commerciaux (type Systran par exemple) qui sont paramétrables en fonction des besoins de l'entreprise. Ils facilitent grandement les premières recherches d'information et permettent aussi des échanges de lettres ou d'email avec des partenaires potentiels *(qu'il faudra de toute manière rencontrer lorsque la situation deviendra plus concrète).*

On ne peut pas se lancer à l'exportation (exception faite sans doute des sites B2B ou B2C dans la langue du pays-cible, mais alors avec quel rendement ?) sans avoir une connaissance assez approfondi des façons d'être des interlocuteurs potentiels. Ceci peut prendre un certain temps mais on peut *accélérer cette connaissance par l'utilisation de réseaux personnels* ou en entrant dans des réseaux de partages en tenant compte bien entendu des personnes présentes dans ces derniers (fiabilité, expérience, *éthique*).

Connaître le pays c'est aussi le connaître sur le plan économique : salaire moyen des clients potentiels, mode de distribution local, expectations des consommateurs, etc.

L'information

Un préalable aussi à la réflexion « exportation » que l'on veuille distribuer des produits ou réaliser des transferts de technologie ou de compétence, c'est tout d'abord de s'*informer*. Il existe de très nombreuses sources d'information ouvertes qui vont fournir des pistes de réflexion intéressantes.

Citons l'analyse des informations de brevets (qui sont accessibles gratuitement). Le brevet n'est pas qu'un outil de protection, c'est aussi un outil d'information. L'analyse statistique d'important corpus de brevets à partir par exemple de la base de données des brevets de l'Office Européen (en utilisant des facilités comme le logiciel d'analyse Matheo-Patent (www.matheo-software.com) constitue actuellement un passage obligé pour détecter partenaires ou concurrents potentiels, nouveaux entrants possibles, technologies et applications. Dans ce domaine, il faut travailler sur des groupes de brevets importants d'où la nécessité d'utiliser des outils d'analyse comme l'APA (Automatic Patent Analysis) [159] La connaissance des brevets chinois et des « utility models »[160] est bien entendu un plus. Mais on peut aller bien au-delà en analysant les offres de sites comme Alibaba (B2B de produits en provenance de Chine) ou Made-in-china (Gateway d'opérateurs chinois de vente ou de location de matériels de toute sorte). Ceci va permettre une approche préalable qui souvent recadrera la vision de l'entreprise. En outre, il ne faut pas oublier les informations présentes sur l'Internet accessibles via des navigateurs comme Google. Mais alors, il faut interroger dans la langue du pays cible, c'est vrai pour les informations générales, mais aussi pour des informations plus ciblées comme par exemple l'accès (souvent gratuit) aux sites de propriété intellectuelle locaux. (par exemple http://www.inpi.gov.br/ pour les accès aux brevets locaux brésiliens entre autre ceux non étendus à d'autres pays).

---

[159] http://www.iprhelpdesk.eu/node/2118

[160] Chinese Patent - A Tentative Explanation of Various Strategies of Patenting
Dou Henri, Dou Jean-Marie Jr, Chinese Business review, January 2013, vol 12, n°1

3 - Deux carences à combler rapidement

Information

On peut noter, sur un plan général, que les entreprises françaises et entre autre les PME et les PMI, souffrent d'une carence importante dans les méthodologies d'accès aux informations, dans la détection des bonnes sources et dans les méthodologies d'analyse. Il est évident que ce n'est pas en lisant un journal professionnel que la différence sera faite (car au moment de la parution tout le monde a l'information en même temps), ni en interrogeant Google de temps en temps mais en se situant plus en amont avec une information de différentiation personnelle adaptée à la stratégie de l'entreprise. Ceci nécessite un état de veille permanent et la mise en place d'Audits d'information qui permettront de finaliser cette activité au sein de l'organisation. (souvent en temps partagé).

Langues et connaissance extérieure du monde

A l'étranger les français vivent « trop entre eux ». En France on est trop imprégné de nos valeurs historiques qui certes sont nobles mais ne nous poussent pas vers l'extérieur. Le poids de l'histoire est important : « labourage et pâturage sont les deux[161].... » alors que pour les anglais à la même époque : « Britons rule the waves[162] ! ». Nous avons aussi une consanguinité trop marquée au niveau des décideurs politiques, Ministériels ou des grands corps d'Etat. Cela a des avantages (continuité) mais aussi des inconvénients (très peu de mobilité au niveau décisionnel et peu de flexibilité). Différents exemples mettent en évidence la frilosité au plan décisionnel, comme l'approche du travail dominical dans les zones à très forte activité touristiques par exemple.[163]

---

161 http://www.linternaute.com/dictionnaire/fr/definition/labourage-et-paturage-sont-les-deux-mamelles-de-la-france/

162 http://fr.wikipedia.org/wiki/Rule,_Britannia!

163 Travail du Dimanche : et si la France se souvenant qu'elle est laïque, Les Echos, 07, 10, 2013 http://lecercle.lesechos.fr/economie-societe/social/temps-travail/221181068/travail-dimanche-et-si-france-souvenait-quelle-est-l

Conclusion

La création d'un climat propice à l'exportation, principalement pour les PME et les PMI est non pas seulement l'affaire des entreprises, *mais c'est l'affaire de tous*, que ce soit au niveau politique, au niveau des instances consulaires, au niveau des instituts de recherche, de l'université. C'est en réalisant avec des acteurs volontaires des réunions de «brain storming», en analysant les potentialités régionales non pas d'une seule entreprise, mais en synergie, que se développera un esprit, un climat propice à rester ancré dans la région (sauvegarde ou création d'emploi) avec un regard tourné vers le monde (développement à l'export). La synergie des acteurs devrait aussi être accompagnée de la recherche de solutions nouvelles innovantes permettant à partie de réseaux adhocratiques.[164]

4 - Annexes

Quelques faits intéressants au niveau national

- Les ambassadeurs régionaux pour ouvrir la voie au réseau international du Ministère Affaires Etrangères
- Connaître les dispositifs d'appui à l'Export. Ils sont complexes, on a besoin de spécialistes, d'où le guichet unique en région.
- Création d'équipes régionales pour aller vers l'export

  Analyser les possibilités régionales

  Ciblage pays avec identification des opportunités

---

[164] http://fr.wikipedia.org/wiki/Adhocratie « L'Adhocratie est un néologisme (venant du terme « ad hoc ») utilisé pour désigner une configuration organisationnelle qui mobilise, dans un contexte d'environnements instables et complexes, des compétences pluridisciplinaires, spécialisées et transversales, pour mener à bien des missions précises (résolution de problèmes, recherche d'efficience en matière de gestion, développement d'un nouveau produit...). »

- La demande mondiale est très forte. Il faut se mettre à la «portée» des pays cibles, exemple Galerie Lafayette Paris pour les touristes chinois. Il faut que la PME identifie les produits, services ou «know how» capables de satisfaire les attentes des consommateurs du ou des pays cibles.

Exemple des USA

- 1960 Les activités de la *RAND Corporation*
- 1970 *Foreign Intelligence Advisory Board* « considère the *economic intelligence* comme aussi importante que la diplomatie, le militaire, et l'intelligence technologique.
- *Small Business Act* (une partie des marchés publics réservée aux PME et PMI de ce qui leur permet de « grossir »).
- 1993 Création de l' *Advocacy Center*, to level the ground for US Export
- *Echelon* orientation marquée vers le développement d'une meilleure maîtrise économique de la concurrence
- 2000 *US Council of Competitiveness* « America's next 25 years is to optimize the entire society for innovation

  Palmisano report : "Innovate America"

Et maintenant

- Nécessité d'aller vers les marchés émergents
- Revisiter des produits sophistiqué pour aller vers plus de simplicité et de robustesse (exemple de l'automobile, de certains téléphones portables, etc.)
- Le « plus » n'est pas toujours la solution, il faut laisser une plus grande place à la créativité, à l'imagination

Il faut que bien des entreprises changent de comportement à la fois ou plan organisationnel mais aussi au niveau de leur management.

Interrogation: approche de base

Attention, **ce guide n'est pas exhaustif**. En outre il ne concerne pas les réseaux sociaux. Il est simplement fait pour vous rappeler que ce n'est pas en introduisant un simple mot dans un moteur de recherche que vous obtiendrez toute l'information. Les moteurs de recherches offrent différentes possibilités qu'il faut exploiter. De même des services comme PubMed (Medline), ou EPO (Brevets) mettent à votre disposition des interrogations en mode expert, utilisez les.

Utilisation de Google en mode expert

http://www.google.im/advanced_search

Opérateurs booléens AND OR NOT

Posibilité de « string search » (recherche d'une chaîne de caractères)

Limite à des formats de documents pdf, ppt, doc, xls ....

Limite à des types de sites edu gov ou gouv org com

Limite par langue (attention à la manière dont on pose la question)

Limite par intervalle de temps une semaine, une année, ...

Recherche sur les images (sélectionner image dans la barre des tâches de Google)

Google PLUS et encore PLUS

Accès à la traduction https://translate.google.fr/?hl=fr&tab=wT

Accès à Google Scholar (publications académiques) http://scholar.google.fr/schhp?hl=fr

Accès à Google Alert (réponse à une question enregistrée directement sur votre mail) http://www.google.fr/alerts?hl=fr

Géolocalisation Google Earth pour le télécharger http://www.google.fr/intl/fr/earth/index.html

Information sous forme de vidéos

N'oubliez pas les videos et Youtube, de plus d'informations sont accessibles via ce moyen. Elles ont l'avantage d'être concises, précises et de ne durer que quelques minutes.

http://www.dailymotion.com/video/xfsm29_comment-innover-lorsqu-on-est-sous-traitant-idp_news série de cours en français provenant du Canada, sur divers aspects du développements des sous-traitants, des PMEs, etc.

www.youtube.com/watch?v=cWPrtuWm-UI *Alain Juillet, Intelligence Economique partie 1*

www.youtube.com/watch?v=XNTxxEszeP8 *Alain Juillet Intelligence Economique partie 2*

www.youtube.com/watch?v=e3IHh1uZi2k *Alain Juillet Intelligence Economique partie 3*

N'oubliez pas aussi que différentes chaînes de télévision, permettent l'accès en ligne à des présentations, discussions, tables rondes, sur des sujets touchant à l'Intelligence Economique.

Travail coopératif Google documents (ou anciennement Docs)

https://drive.google.com/#my-drive

Clustering engines :

A titre d'exemples :

http://newsmap.jp/#/n/au/view/ Informations générales, articles de presse multi-pays multilingues

http://www.wikimindmap.org/viewmap.php?wiki=en.wikipedia.org&topic=coconut&Submit=Search

Wikimindmap permet de structurer l'information en fonction des articles parus dans Wikipedia.

Les brevets

Base mondiale des brevets (provenant OEB Office Européen des brevets)
http://worldwide.espacenet.com/advancedSearch

Classification Internationale des Brevets
http://worldwide.espacenet.com/classification?locale=en_EP

Brevets US via Google Patents (possibilité de rechercher en mode expert)
http://www.google.com/advanced_patent_search

Information générale sur les brevets utilisez le site du WIPO (World Intellectual Property Organization) http://www.wipo.int/portal/en/index.html

Accès au logiciel d'essai /Matheo-Patent, à télécharger à partir de l'adresse

http://www.matheo-software.com

Ressources diverses (publications, audio book, video-book)
http://www.ciworldwide.org

MEDICAL et BIOMEDICAL (ressource gratuite MEDLINE serveur PubMed)

http://www.ncbi.nlm.nih.gov/pubmed/advanced

Possibilité d'interrogation sur divers champs documentaires avec des opérateurs booléens. Téléchargement des information (notices bibliographiques) en format texte pour une groupe de documents.

REFDOC production CNRS http://www.refdoc.fr/#

Recherche sur des journaux en texte intégral (ou Open Source)

exemple ISDM http://isdm.univ-tln.fr/isdm.html

Codata Journal http://www.codata.org/dsj/

Le coût des « choses d'occasion » http://www.leboncoin.fr/ http://www.ebay.fr/ **(pour la France)**

Les bases de données payantes

Parmi les serveurs qui permettent moyennant un coût (souvent élevés) à des bases de données, le plus connu est Dialog (voir aussi Questel-Orbit, STN, Datastar)

Pour accéder à la description et au coût d'accès en ligne aux diverses bases de données de Dialog

http://library.dialog.com/bluesheets/

Information chinoise

Pour les publications académiques, consulter le portail du CNKI (China National Knowledge Infrastructure)

http://en.cnki.com.cn/

Pour accéder aux brevets chinois, deux voies,

Le portail chinois de la Propriété Intellectuelle le SIPO (State Intellectual Property Office)

http://english.sipo.gov.cn/

Attention, le site du SIPO ne fournit pas les résumés des « utility models ». Pour y accéder aller sur le site de la base mondiale des brevets de l'EPO http://worldwide.espacenet.com/advancedSearch et rechercher PR=CN avec dans l'abstract « This utility model » ou simplement « model ». On peut aussi utiliser PN=CN pour accéder aux modèles d'utilités étrangers déposés en Chine.

Les sites des grands Editeurs

Les principaux éditeurs (Elsevier, ...) permettent généralement d'accéder aux titres et résumés des articles publiés dans leurs revues. Mais l'accès au texte intégral est payant.

La langue d'interrogation

Pour avoir des informations de qualité au niveau d'un pays étranger, il y a trois façons de procéder :

- On interroge en anglais et on met and la requête le nom du pays
- on interroge and anglais puis en français (dans Google) et on limite la recherche à la langue du pays (dans ce cas on aura les données du pays qui contiennent les mots français ou anglais utilisés pour la recherche. 5'est un e premier approche mais elle est limitative
- On traduit les mots de la requête dans la langue du pays, et on interroge. Google offrira la traduction pour certains sites, pour d'autres vous utiliser le presse papier pour traduire via Google Translate (ou un autre traducteur si vous en possédez un, par exemple Sistran).

A propos de l'auteur

Henri Dou is Engineer IPSOI (Petrochemical Institute) and made his doctorate in the field of Chemistry. After a career at the CNRS as Research Director, he joined the University of Aix Marseilles III as Professor in Information Science and he developed the first French cursus in Technology Watch as well as various diplomas DU, DESS, DEA, Master, PhD in the field of Competitive Technical Intelligence, Regional Development and Bibliometrics. He participated to the developed of the Competitive Intelligence in Brazil. Among the different functions the following are among the most important : General Secretary of ChIN (Chemical Information Network UNESCO), Scientific Secretary near Bernard Gregory (General Manager of the CNRS) for the cooperation CNRS-MIT (Science and Decision), "Chargé de mission" near the Director of the Chemical sector of the CNRS for the co-operation with Rhône-Poulenc, French representative at the International Oceanographic Commission and later in charge of the analysis of the US coal plan development. He was Director of ATELIS (Strategic Intelligence Workroom of ESCEM-

France Business School), and is a French expert of the Franco-Chinese Association of Competitive Intelligence, President of the French Society of Applied Bibliometrics and Member of various editorial boards of Scientific journals. He is specialized in Competitive Intelligence, APA (Automatic Patent Analysis), Regional Development and SRR (Social Research Responsibility). He currently takes part in various activities in Indonesia, China, Malaysia, Brazil, Africa and Mexico. For more information consult: http://www.amazon.fr/Henri-Dou/e/B00AWD21WU

www.ingramcontent.com/pod-product-compliance
Lightning Source LLC
LaVergne TN
LVHW070151230826
846093LV00002B/11

* 9 7 8 1 5 1 4 7 1 7 5 3 0 *